わかりやすい防衛テクノロジー

軍用センサー
EO/IRセンサーとソナー

井上孝司　著
Koji Inoue

イカロス出版

JN208191

車長用視察
照準サイト

砲口照準
装置

直接照準
眼鏡

砲手用視察
照準サイト

レーザー
検知器

車長用
ペリスコープ

発煙弾
発射装置

95-4742　機影ー1

前照灯

赤外線
カメラ

操縦手用の
ペリスコープ

陸上自衛隊10式戦車。可視光と赤外線を利用したさまざまなセンサーを搭載している

見えなければ始まらない

　敵を見つけて倒したり排除したりするため、また、敵の来襲をできるだけ早く知って不意打ちされないようにするため、戦闘行為には「状況認識」が必要だ。

　その「状況認識」の手段として、もっとも古くからあるのが人間の目玉である。

　しかし、人間の目玉では遠くを見る能力に限りがある。また、可視光線に依存することから、光源がない暗闇では使えない。そこで、遠くの様子をより鮮明に見る手段や、暗闇でも使える探知手段が考案されることになった。

　こうして「見る」手段が考え出されれば、当然ながら「見えにくくする手段」も考え出される。

US Army

米陸軍M2歩兵戦闘車の車内。ペリスコープ（潜望鏡）で外を見る

夜にも視覚がほしい

　泥棒でも忍者でも、古来、人目につかずに何かをしたいと思った人は夜間に行動していた。暗闇に紛れる方が見つかりにくいからだ。そうなると、今度は「夜目が利くようにしよう」と対抗手段が考え出されることになる。

　探している側が自己の存在を暴露してしまったのでは藪蛇なので、自ら存在を暴露しないで済む、いわゆる"パッシブ"な暗視装置が登

光増式暗視ゴーグルを通して夜間撮影した軍用車両の車列

P-3C哨戒機のセンサーで赤外線撮影した米コンテナ船

光増式暗視ゴーグルを装着して任務に就く、米空軍ヘリの機上クルー

場した。その主役は、赤外線センサーと光増式暗視装置。前者は対象物が発する赤外線を検知し、後者は微弱な光を増幅する。このうち赤外線センサーは、昼間でも有用性を発揮する。

目視ではわからない違いが、赤外線だと見えることがあるからだ（次ページ参照）。

こうして"夜目が利く"ようになると、その暗視装置の優劣が状況認識の優劣につながる。

1 レーザー測距装置付きの双眼鏡を覗く米海兵隊員 **2** 赤外線カメラで撮影した地面に伏せる兵士（白い影）**3** 駐機中の戦闘機をレーザー照準装置付きスコープで捉える **4** 艦艇搭載型のリモート・ウエポン・ステーション

EO/IR機器が戦いを有利にする

　可視光線を、撮像素子とコンピュータでデジタル化するのが電子光学センサー。赤外線を、赤外線センサーとコンピュータでデジタル化するのが現代の赤外線センサー。

　この両者を組み合わせることで、昼夜・天候を問わない状況認識が実現した。さらに、レーザー測遠機やレーザー目標指示器を加えることで、精密誘導兵器の誘導も可能になった。

　こうして「24時間フルタイムで状況認識を実現するとともに、精確に敵を叩ける時代」が現出している。そのための装備の優劣は、戦闘を有利に進められるかどうかに直結する。得られた情報を迅速に伝達・活用することも重要である。

USAF

1 光学・赤外線センサー / レーザー目標指示器 AAQ-40 EOTS
2 全方位赤外線映像センサー AAQ-37 EO-DAS

最新鋭のEO/IRセンサーを搭載するF-35A戦闘機

US Navy

ペリスコープ
（潜望鏡）

曳航ソナー

バウソナー

General Dynamics Mission Systems

音波送受信機を円筒形に配列した「バウソナー」。艦首に搭載する

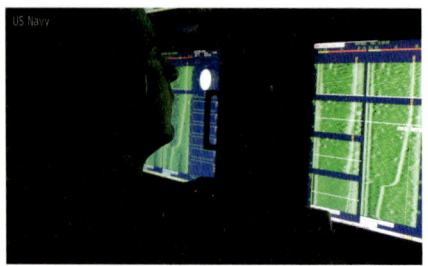

US Navy

ソナーによる音響情報を解析したディスプレイ表示

米海軍シーウルフ級潜水艦。潜航したら眼でもレーダーでも追えない

海中に潜む脅威、係維式機雷（K-13型）

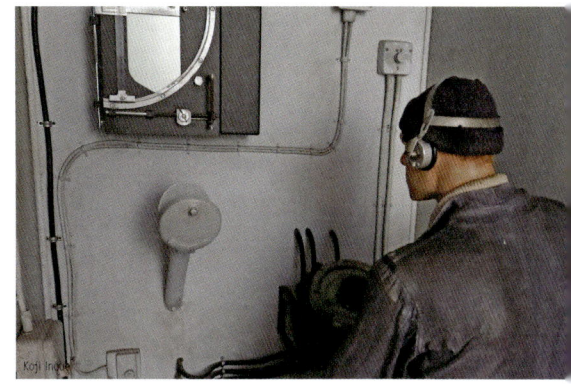

英国のマージーサイド海洋博物館に展示された最初のソナー「ASDIC」。ヘッドホンを付けた操作員が手元のダイヤルを回して全周をサーチする

海の中は音波で見通す

　陸上や空中と異なり、水中では可視光線や電波に頼った捜索や探知ができない。水中で使用できる現実的な手段は、音波を使用するセンサーだけである。古来、水中生物が音波に頼って周囲の状況を把握していることは、そうした事情を物語る。

　人の世界では、潜水艦や機雷の登場によって水中戦という分野が出現した。対抗手段として、水中で音波を用いる探知手段、すなわちソナーが考え出された。こちらも光学センサーの分野と同様に、コンピュータや情報通信技術の恩恵を大きく受けている。ただし、海中での音波の伝播は一筋縄ではいかないため、経験・知見・データの積み上げがモノをいう。

Satoshi Akatsuka

レーダー

5517

光波
センサー

ソノブイ・
ランチャー

MAD
（磁気異常探知機）
ブーム

海上自衛隊P-1哨戒機

水中の脅威を空から探知する

　レーダー、電子光学/赤外線センサー、ソナーといったあたりが軍用センサーの主役だが、それ以外にもさまざまなセンサーがある。

　たとえば、空中から潜水艦を探すために磁気の情報を使う場面がある。陸上でも、狙撃手を見つけるために音響センサーを使ったり、銃口炎を検知したりする。

　特に潜水艦の捜索では、相手がもともと見つかりにくいだけに、考えられるさまざまなセンサーを総動員する状況となっている。

Jships

吊下
ソナー

海上自衛隊SH-60J哨戒ヘリ

はじめに

　本書では、シリーズ第4弾の「軍用レーダー」で取り上げたレーダー製品以外の、各種センサー機器を取り上げている。主として、電子光学・赤外線センサーとソナーを対象とした。

　前者は視覚的な情報を得る手段であり、主として陸上・海上・空中で使用している。レーダーと比べると、「昼夜を問わずに全天候下で使える」という利点は薄れるが、自ら何かシグナルを出すわけではない、いわゆるパッシブ（受動的）な探知手段なので、逆探知されない利点がある。レーダーとは相互補完の関係にあり、さまざまな分野で活用されている重要なセンサーである。

　一方、後者は聴覚的な情報を得る手段であり、主として水中で使用している。水中では電波を用いる探知手段は使用できないし、視覚による探知も困難なので、事実上、音響が唯一の探知手段になっている。そこで用いられるソナーの仕組みに加えて、ソナーのオペレーションについても取り上げてみた。

　このほか、電子光学／赤外線センサーとソナー以外の手段として、磁気探知機など、やや馴染みが薄い分野のセンサー機材についても、最後にまとめて取り上げている。

2024年8月　井上孝司

目次 INDEX

第4部 ソナー探知にまつわるいろいろ

第5部 その他のセンサー

Credit

● 著者：井上孝司

● カバー絵：竹野陽香（Art Studio 陽香）

● 装丁・本文デザイン：橋岡俊平（WINFANWORKS）

本書は、マイナビニュースの連載『軍事とIT』から、EO／IRセンサー、ソナー、およびその他センサーに関するテーマで記事をピックアップし、加筆・修正してまとめたものです。

JWings

第1部
EO/IR センサー

人間の目玉のことを、米海軍におけるセンサー機器の名称になぞらえて
「Mk.1アイボール」と呼ぶ業界ジョークがある。それを引き合いに出すまでもなく、
人間の目玉と耳は最古のセンサーといえよう。
そこでまずは、人間の目玉を機械に置き換える、光学センサーの話。
それと関連して、赤外線センサーの話から始めたい。

※1：測距儀
距離を測るために用いられる
光学機器。英語では「レンジ・
ファインダー」という。左右に
離れた2個の対物レンズから
映像を取り込み、それを接眼
部に伝達する。接眼レンズか
ら覗くと左右の画像がずれて
見えているが、それらを重ね合
わせたときに距離が分かる仕
組みになっている。対物レン
ズの間隔を基線長という。

光学センサーとは

ウェポン・システムがIT化されるよりも前から、「双眼鏡」「望遠鏡」「測距儀[※1]」といった形の光学兵器があったし、そもそも、人間の目玉からして光学兵器のひとつといえなくもない。しかし、人間の目玉にはいろいろと制約や限界がある。

なぜモノが見えるのか

まず基本に立ち返って、どうして「モノが見えるのか」についておさらいしておきたい。

本シリーズの『軍用レーダー』でも取り上げた通り、レーダーでモノを見るときに使う電波も、目玉にモノを見せる可視光線も「電磁波」である。電磁波には、赤外線や紫外線、X線といったものも含まれ、いずれも、電場と磁場の変化を伝搬する波（波動）の性質をもつ。その波の秒間繰り返し数を「周波数」、波の山と山の間隔の長さを「波長」という。

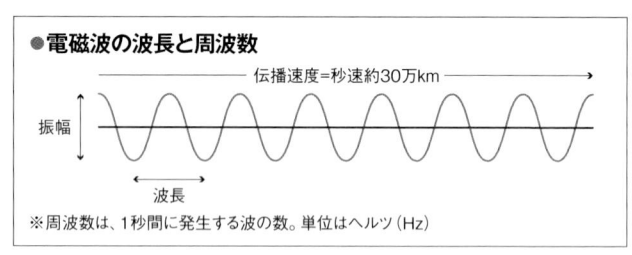

●電磁波の波長と周波数

伝播速度＝秒速約30万km

振幅

波長

※周波数は、1秒間に発生する波の数。単位はヘルツ（Hz）

そして「可視光線」という言葉がある通り、人間の目玉は特定の波長を持つ電磁波、すなわち可視光線に反応する。一方で、赤外線や紫外線には反応しないから、これらは"眼で見る"ことはできない。では、人間の目玉が何かを"見る"際にはどういうメカニズムが機能しているのか。

まず、可視光線を発する光源が必要である。それは太陽光であったり、炎であったり、電球などの発光装置が発する光であったりする。そうした光源からの可視光線が対象物に当たると、反射が起きる。

人間の目玉は、その反射波を取り込んで網膜に当てることで、見

る"機能を果たしている。網膜は、入射した光を刺激として受け取り、脳への視神経に伝達する組織である。人間だから視神経による伝達という形をとるが、光に反応して電気信号を出す素材があれば、光を検知するメカを作れる理屈となる。

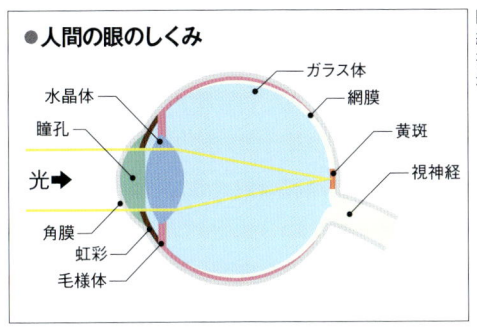

●人間の眼のしくみ

水晶体・瞳孔・光➡・角膜・虹彩・毛様体・ガラス体・網膜・黄斑・視神経

瞳孔から入った光が網膜に像を結び、視神経を経て脳に刺激が伝わる

こうした事情があるので、光源がなければ、何かを"見る"ことはできない。真っ暗闇では何も見えないが、それはこうした理由があるからだ。そこで光源を用意すれば、夜間でも何かを"見る"ことができる。だから昔の軍艦は大きな探照灯(サーチライト)をいくつも搭載していて、夜間の交戦ではそれを使って敵艦を照らしていた。第二次世界大戦中の軍艦のプラモデルを作ると、必ず探照灯のパーツがあるはずだ。

ただし、軍事作戦でこの方法を用いると、ちょっとした問題がある。光源は敵軍からも見えてしまうから、自軍の存在を敵軍に対して広告する結果になってしまうのだ。いわゆる「闇夜に提灯」である。

Koji Inoue

人間の眼が何かを「見る」ことができるのは、太陽などの光源があるから。光源がなければ何も見えない。写真でも、手前側は機体の陰になるので黒くつぶれている

電子光学 (EO) センサーとは

その、可視光線を使用して何かを見る手段としては、人間の目玉

※2：感光素材
光が当たることで何らかの化学変化を起こす素材のこと。もともと、写真は銀が光に当たると変化する性質を利用して発明されており、それが「銀塩写真」という言葉の由来。光に反応しやすいハロゲン化銀を、フィルムや印画紙の表面に塗布して、それを感光させた後で現像する。

※3：素子
電子光学センサーの分野では、可視光線や赤外線が当たると電気信号を発する素材を用いて作られたパーツを指す。単一のパーツでは、可視光線や赤外線が当たっているかどうかの判断しかできないが、それを縦横にたくさん並べることで「映像」を出力できる。

※4：電荷結合素子
この日本語よりも、英略語の「CCD」のほうをよく耳にする。隣り合った素子の間の電荷的な結合を利用して信号を伝達するもの・すべてを指す言葉だが、デジタルカメラや電子光学センサーにおける撮像素子としての利用が広く知られている。

に加えて、各種のカメラがある。感光素材をフィルムの表面に塗布して、そこに光が当たると感光素材[2]が化学変化を起こす。これがフィルムを使用するカメラの基本的な考え方だが、現在ではデジタルカメラが主役になり、フィルムを使用するカメラは、限られた用途でしか用いられなくなった。

では、デジタルカメラはどのように機能しているかというと、先にも述べたように、可視光線に反応して電気信号を出すデバイスを用いる。光が入ってくると素子[3]（デジタルカメラでいうところの画素のこと）が電気信号を出すので、それを取り出して画面に表示したり、記憶媒体に保存したりするわけだ。ただし1点だけでは光源の有無しか分からないから、それをたくさん、縦横に並べる。デジタルカメラの仕様書にある「画素数」とは、その数のことである。それを武器の探知手段、すなわちセンサーとして用いることもできる。

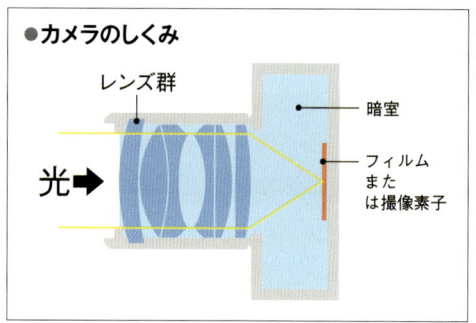

●カメラのしくみ

レンズ群

暗室

光➡

フィルムまたは撮像素子

レンズから入った光がフィルムやイメージセンサーに像を結ぶしくみは、眼と同じ

辞書的な定義としては、光学センサーとは「光を用いて何かを探知するセンサー機材の総称」となる。この「光」は可視光線だけでなく、赤外線も含むが、紫外線を使用するセンサーは光学センサーには分類されない。

もともと、光学兵器といえば可視光線を使用するものしかなかった。そこに電子技術が関わると、レンズから入ってきた光をそのまま接眼部で見るのでなく、間に電子回路をかます形になる。それをデジタル方式で実現しているのがいわゆるデジタルカメラで、電荷結合素子[4]（CCD：Charge Coupled Device）などのセンサーが出した電気信号を、いったん「1」と「0」の並びで構成するデジタル・データとしてコンピュータに取り込む。すると、コンピュータによる映像の処理・加工・解析が可能になるし、デジタル・データとして保存することもで

きる。これを「電子光学（EO：Electro-Optical）センサー」と称する。

　望遠レンズ付きの一眼レフカメラをお持ちの方なら、遠くの様子を見るのに、カメラを望遠鏡代わりに使った経験がおありではないかと思う。銀塩カメラでもデジタルカメラでも、光学ファインダーを使っていれば、望遠鏡の代わりになる。これは純粋に光学系だけで機能しているから、電源を切っていても使える。

　一眼レフカメラでファインダーの映像を見る場合、電子回路は介在していない。それに対して、映像を背面の液晶ディスプレイに表示させる場合には、イメージ・センサーをはじめとする電子回路が介在することになる。つまり、この動作は軍用の電子光学センサーと同じである。レンズ交換式カメラのうち、いわゆるミラーレス機は、常にこちらの形で機能している。

　つまり、いささか乱暴な言い方をするならば、電子光学センサーとはミラーレスのカメラみたいなものである。

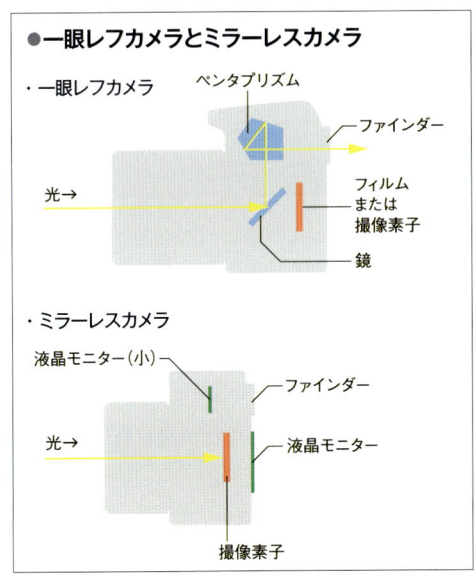

●一眼レフカメラとミラーレスカメラ

・一眼レフカメラ

ペンタプリズム
ファインダー
光→
フィルム
または
撮像素子
鏡

・ミラーレスカメラ

液晶モニター（小）
ファインダー
光→
液晶モニター
撮像素子

一眼レフカメラではセンサー部の前に鏡があり、レンズから入った光は鏡とペンタプリズムに反射してファインダーを覗く眼に届く。撮影時には鏡が跳ね上がり、シャッターが開いてセンサー部に光が届く。ミラーレスカメラでは、レンズから入った光が直接センサー部に届く。その像はカメラボディの後ろやファインダーの奥にある大小のモニターに映し出される

電子制御を併用する利点

　ここで「どうして電子制御を併用するのか」について考えてみたい。もうちょっと細かく書くと、映像データをデジタル化してコンピュータ処

※5：動画関連規格
デジタル動画を録画・作成・編集・再生する場面で、機器やソフトウェアによって再生できたりできなかったり、という問題が起こらないように、標準規格がいろいろ定められている。動画はデータ量が多いので、いかにして画質を損ねずに（または、損ねたように見せずに）圧縮するか、という話も入ってくる。

理することの利点である。

　まず、デジタル・データにすれば記録が容易になる。それだけでなく、伝送もしやすい。無人偵察機で一般化しているように、EO/IR（Electro-Optical/InfraRed＝電子光学／赤外線）センサーの映像を無線で送れば、動画による実況中継が可能になる。

FLIRシステムズの超小型ドローン「ブラックホーネット」。機首にEO/IRセンサーを搭載している

　昔は、偵察機が写真を撮ってきたら、まずフィルムを取り出して現像と焼き付けを行わなければ結果が分からなかった。かといって、口頭や文字情報による報告では、現場の状況は受け手が自分でイメージするしかない。

　ところが動画の実況中継となると、現場で何が起きているかをいながらにして観られるわけで、インパクトはまるで違う。バルカン半島にRQ-1プレデターUAVを持ち込んで動画の実況中継を初めて行ったときに、軍や政府の幹部らが、その動画に夢中になったのも宜なるかな。

　また、デジタル・データは鮮明さを増す処理を行ったり、伝送の負担を軽減するために圧縮を行ったりといった作業が容易だ。H.264をはじめとして、民間で使われている動画関連規格[※5]が軍用のEO/IRセンサーで使われている事例は少なくない。また、デジタル・データの方が暗号化しやすい利点もある。データをコンピュータでそのまま処理できるからだ。

赤外線センサー

　軍用の光学センサー機器には、もうひとつの派閥として赤外線セ

ンサーがある。赤外線センサーは主として、可視光線による探知が成立しない、夜間あるいは悪天候下で活用する。だから「赤外線暗視装置」と呼ばれる種類の製品はたくさんある。

　普通の光学センサーは可視光線の映像を捉えるが、赤外線センサーはその名の通り、赤外線（infrared、略してIR）を捉える。そういえば、フィルムカメラの時代にも赤外線に感光する赤外線フィルムがあった。それの電子版が現代の赤外線センサーである。

　赤外線を使った兵器というと、真っ先に想起されるのはAIM-9サイドワインダーのような赤外線誘導の対空ミサイルではないかと思われる。この種の製品は当初、赤外線の発信源を「点」で捕捉していた。それでは赤外線の発信源が「ある」「ない」の区別しかつかない。

　しかし、赤外線を検知する素子を縦横にたくさん並べると、映像を得られるようになる。もちろん、素子の数が多くなるほど精細度が増すが、データ量も多くなってしまう。航空機に搭載する目標指示機材（これについては追って取り上げる）の赤外線センサーを例にとると、1,024×768ピクセルぐらいが多い。画像赤外線誘導を用いる対空ミサイルは、もっと少ないようだ。

AIM-9サイドワインダー空対空ミサイル。画像赤外線センサーを先端に搭載している

　なお、赤外線といっても波長（wavelength）の違いにより、複数の種類がある。民間では、近赤外線（波長2.5μm以下）、赤外線（同2.5～25μm）、暖房がらみの家電製品でよく出てくる遠赤外線（同25μm以上）という区別をする。軍用のセンサー機器では、短波長赤外線、中波長赤外線、長波長赤外線という区別を使うが、それぞれ頭文字をとって「SWIR」「MWIR」「LWIR」と略す。頭の2文字はそれぞれ、Short Wavelength / MediumWavelength / Long Wavelengthの略だ。

ATLA

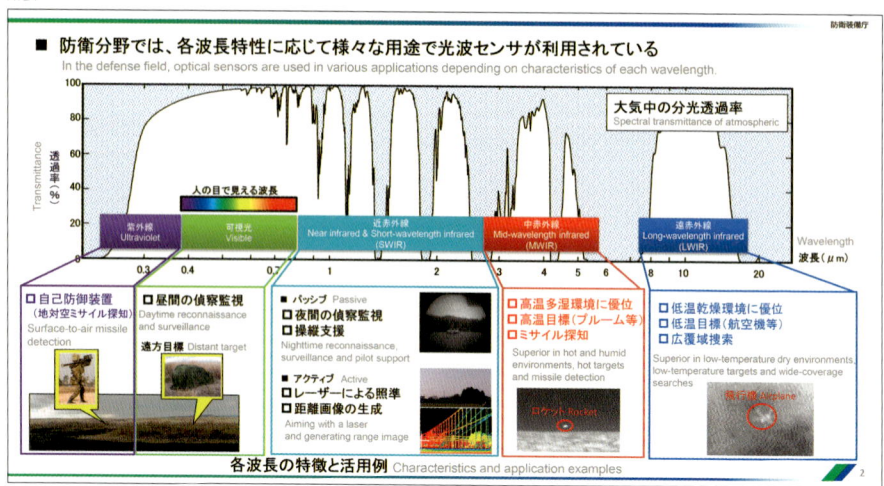

防衛装備庁

■ 防衛分野では、各波長特性に応じて様々な用途で光波センサが利用されている
In the defense field, optical sensors are used in various applications depending on characteristics of each wavelength.

大気中の分光透過率
Spectral transmittance of atmospheric

人の目で見える波長

| 紫外線 Ultraviolet | 可視光 Visible | 近赤外線 Near infrared & Short-wavelength infrared (SWIR) | 中赤外線 Mid-wavelength infrared (MWIR) | 遠赤外線 Long-wavelength infrared (LWIR) |

Wavelength
波長（μm）

□ 自己防御装置
（地対空ミサイル探知）
Surface-to-air missile detection

□ 昼間の偵察監視
Daytime reconnaissance and surveillance

遠方目標 Distant target

■ パッシブ　Passive
□ 夜間の偵察監視
□ 操縦支援
Nighttime reconnaissance, surveillance and pilot support

■ アクティブ　Active
□ レーザーによる照準
□ 距離画像の生成
Aiming with a laser and generating range image

□ 高温多湿環境に優位
□ 高温目標（プルーム等）
□ ミサイル探知
Superior in hot and humid environments, hot targets and missile detection

ロケット Rocket

□ 低温乾燥環境に優位
□ 低温目標（航空機等）
□ 広覆域捜索
Superior in low-temperature dry environments, low-temperature targets and wide-coverage searches

航空機 Airplane

各波長の特徴と活用例 Characteristics and application examples

防衛装備庁の資料から、紫外線、可視光線、赤外線の広がりを示した図。可視光線から近いか遠いかで、近/中/遠赤外線、SW/MW/LWIRに分けられる。ただし、その境界となる数値は業界によって異なっている

※6：レーダー警報受信機
主として戦闘機が搭載する装備で、敵の戦闘機や地対空・艦対空ミサイルなどが使用するレーダーの電波を逆探知して警報を発する。高級なものになると、脅威の種類や方位も知られてくれる。

※7：ESM
レーダーや無線通信の電波を傍受するとともに、発信源の種類や方位を知らせてくれる装備。ただし、傍受した電波の発信源について、その種類を識別するためには、事前にデータを持っていなければならない。

赤外線映像では、波長の違いによって見えるものが違ってくる。そのため、想定している探知目標に合わせた波長の赤外線に最適化したり、複数の波長の赤外線に対応するセンサーを並べたりする。

アクティブ式とパッシブ式

電波兵器の世界には「アクティブ」と「パッシブ」の区別がある。レーダーみたいに、自ら電波を飛ばして、その反射波を受信することで探知を成立させるのは「アクティブ」。それに対して、レーダー警報受信機※6（RWR：Radar Warning Receiver）やESM※7（Electronic Support Measures）みたいに聞き耳を立てるだけなら「パッシブ」である。そして光学センサーの分野にも、同様の区別がある。

たとえば可視光線を使用する場合、既存の光源を使い、単に見ているだけなら「パッシブ」である。しかしそれでは暗いときに何も見えないので、前述したように自前の光源を用意して、それで目標を照射する。するとこれは「アクティブ」である。

第二次世界大戦の頃まで、夜間の海戦では「探照灯で敵艦を照射して、発見したところで撃つ」が基本だった。探照灯ではなく、照明弾とか星弾とか呼ばれる弾を打ち上げる方法もある。これらは炸裂

すると強い光を発する仕組みになっており、敵艦がいると思われる場所の背後に撃ち込んで炸裂させると、敵艦のシルエットが浮かび上がる。

　照明弾は、燃焼して光源となる「燃料」と、弾をゆっくり落下させるためのパラシュートで構成する。パラシュートがついていないと、たちまち落下してしまって仕事にならないからだ。これが光源として機能できるのは、照明弾が空中を落下している間だけ。だから、次々に撃ち込まないと明るさを維持できないのが難しいところではある。

照明弾で照らした、アフガニスタン・ヘルマンド州の山々。前方に展開する車両などが小さく見える

　照明弾は陸戦でも使用するが、海の上と違ってシルエットを浮かび上がらせる使い方は現実的ではないから、単なる投光器の代わりといえよう。投光器と違って電源が要らない利点がある。これを砲兵隊に頼んで撃ってもらえばいい。

　赤外線でも考え方は同様で、受信専用のパッシブ式赤外線センサーと、赤外線サーチライトを併用するアクティブ式赤外線センサーがある。朝霞駐屯地の陸上自衛隊広報センターに行くと74式戦車が

1 74式戦車の赤外線サーチライト。使えば確かに夜目が利くが、こちらの存在も暴露してしまうところは探照灯と同じ。**2** 74式戦車の赤外線サーチライトは砲塔の左前方に装着する

置いてあるが、その74式戦車の砲塔前面についている大きな四角い箱。あれがアクティブ式赤外線暗視装置である。また、可視光線の代わりに赤外線を発する赤外線照明弾というものもある。

　ただ、投光器にしても赤外線サーチライトにしても、使用すれば闇夜に提灯。そこで誰かがいてこちらを見ているぞ、ということが敵方にも分かってしまう。だから現在の主流は、パッシブ式の赤外線センサーである。

┃似て非なるもの暗視ゴーグル

　赤外線センサーと同様に、夜間に多用されるセンサーとして暗視ゴーグル（NVG：Night Vision Goggle）がある。単眼式と双眼式があり、いずれもヘルメットに取り付けて、本体を目の前に下ろす形で使用する。そのNVGを通して前方を見る形になる。

　NVGの内部には、微弱な可視光線を増幅する回路が組み込まれている。つまりNVGは、肉眼では捉えられないような微弱な可視光線を、肉眼でも捉えられるレベルに増幅することで暗視機能を実現するデバイスだ。

　もっとも、表示する映像の質が明るい状況下での映像と同じになるわけではなく、鮮明さはだいぶ落ちる。また、距離感を把握するのが難しい等の課題があると聞く。

暗視ゴーグル（NVG）を装着して夜間訓練に臨む米空軍UH-1N汎用ヘリの搭乗員。増幅された光があたる眼の周りは明るい

　赤外線センサーは、「赤外線放射の強弱」を映像化する。だから、モノの形をそのまま映像にしているとはいえない。それに対してNVGは、可視光線で見ているのと同じような映像を得られる利点がある。一方で、微弱な光がなければ機能できないので、本物の真っ暗闇で

USArmy

NVGを通して撮影した2名の兵士。両方とも片目式のNGVを装着している。右目が裸眼なのは銃を構えたときにスコープに当てるからだろうか

は使えない。

　NVGは主として、個人用の暗視装置として使用する。また、救難ヘリコプターや特殊作戦ヘリコプターなどの乗員が外部視界を得る手段として用いることもある。機体に取り付けた赤外線センサーで得た映像は、計器盤のディスプレイを見なければ分からないが、NVGなら自分が見ている方向の映像を得られる。

　実は、航空機や車両の乗員がNVGを使うとき、計器盤が問題になる。

　微弱な光を増幅するということは、強い光があれば過剰増幅になるということだ。だから、グラスコックピット[8]化して計器盤の多機能ディスプレイ[9]（MFD：Multi Function Display）が総天然色の表示をやっていると、NVGがそれをさらに増幅して、パイロットの眼を眩ませてしまう事態になる。

　幸い、赤色の表示はNVGによる増幅の影響が少ないそうだ。だから、NVGを使用する前提の機体は、グラスコックピットにしないで機械式アナログ計器を並べたり、NVG使用時に限ってディスプレイ装

※8：グラスコックピット
航空機などの計器盤において、針やゲージが動くタイプの機械式計器、あるいは表示灯などを並べる代わりに、ディスプレイ装置を設置して、そこに計器や表示灯と同じ情報をコンピュータ・グラフィックで描き出す手法。近年では鉄道車両でも一般化している。

※9：多機能ディスプレイ
ブラウン管（陰極線管）あるいは液晶ディスプレイを使い、計器、レーダー・スコープ、電子光学センサーの映像、地図など、多種多様な情報を切り替え表示できるようにした装置のこと。

NVGを通して撮影した、夜間飛行するC-17輸送機のコクピット。輝くディスプレイが眩しい。これがあまり明るいと、NVGを装着したパイロットの視野に干渉する

置にカバーをかけたり、表示する色を限定したり、といった対処が必要になる。

紫外線センサー

　実は、用途が限られているが、紫外線を検知するセンサーもある。軍事分野では主として、航空機がミサイルの飛来を検知する手段として用いる。ミサイルの排気炎に含まれる紫外線を検知して、撃たれたことをいち早く知り、回避行動をとったり、対抗手段を用いたりするためである。

　ミサイルの排気炎は燃料を燃焼させて発生する排気ガスによるものだから、実は紫外線だけでなく、赤外線も発している。だから、赤外線センサーでもミサイルの飛来を知ることができる。ところが、空から下方を見下ろした場合、地表には赤外線の発生源がたくさんある。そうしたノイズの中に本物のミサイルの排気炎が紛れ込んでしまうと探知に支障を来すのだ。それでは仕事にならないので、特に低空で

使用するミサイル接近警報装置のセンサーは紫外線を検知するものが多い。

1紫外線センサーを利用するミサイル接近警報装置のひとつ、AN／AAR-47 **2**航空自衛隊のC-130H輸送機は、機首や機尾にAAR-47ミサイル警報装置を付けている

▌レーザーは測距や誘導に使用する

　光が関わる軍事技術というと、レーザーもある。レーザーはLASER（Light Amplification by Stimulated Emission of Radiation）という頭文字略語で、一般的な日本語訳は「輻射の誘導放出による光増幅」となる。これを発生させるプロセスは、以下のとおり。

❶レーザー媒質[10]に外部からエネルギーを与えて発光させる

❷その光を、対向する反射鏡の間で往復させながら増幅する

❸一定水準の出力に達したところで放出させる

　この現象により、特定の狭い範囲に揃った波長を持つ、指向性が

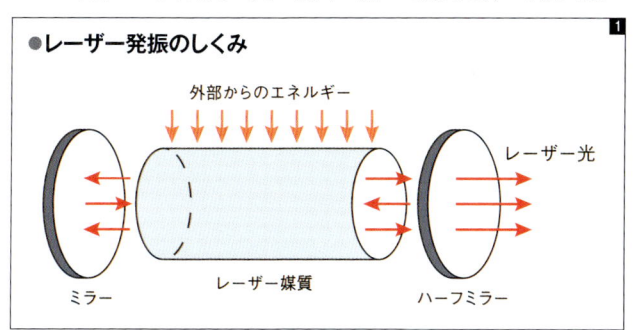

●レーザー発振のしくみ

外部からのエネルギー

レーザー光

ミラー　　レーザー媒質　　ハーフミラー

1レーザー媒質にエネルギーが与えられると、同一波長の電磁波が連鎖して発生する。その電磁波は、対向する反射鏡の間で増幅したのち、ハーフミラーから飛び出す。可視光域の電磁波を発生する媒質を選べば、レーザーに色がつく。**2**身近にあるレーザー機器のひとつ、バーコード読み取り機

※10：レーザー媒質
レーザー光を発振するために用いられる素材のこと。何らかの方法でエネルギーが与えられたとき（励起）、その高エネルギー状態を解消するために一定波長の光を放射（自然放射）する素材で、レーザー光を発振するために用いられる。乱暴に言えば、これを集めて、箱詰めして、光の出口をつくるとレーザー発振器になる。代表的なレーザー媒質には、イットリウムとアルミニウムの合成結晶、着色したアルコール類、二酸化炭素、ヨウ素、化合物半導体（シリコン）などがある。

※11：コヒーレント光
開始のタイミング（位相）が異なる複数の波を重ね合わせると、打ち消し合ったり強め合ったりする、いわゆる干渉が発生する（それを応用した製品のひとつがノイズキャンセリングヘッドホン）。これは光も同様である。そして、光を構成する波同士の位相が一定に保たれているものを指してコヒーレント光という。

※12：合成開口レーダー
レーダーを搭載するプラットフォーム（航空機や人工衛星）の動きを利用して、実際に使用しているものよりも遥かに大きなアンテナがあるのと同じ状態を作り出すための、計算処理機能を備えたレーダー。主として地面などの凸凹を映像化するために用いられる。

強い光を発振する。放出されたコヒーレント光※11が強いエネルギーを持っていれば、切断や溶接といった加工、あるいは破壊の手段として用いることができる。たとえば民間分野でも、鋼板の切断や溶接といった用途にレーザーを使用する事例が多い。

しかし、武器としてのレーザーは（長い研究開発の歴史がある割には）モノになっていない。それよりも先に、目標指示や測距の手段として多用されるようになった。

レーザーを連続的にではなく、瞬間的に発信する。そして、送信したレーザー・ビームが何かに当たって反射して、戻ってくるかどうかを知るために聞き耳を立てる。もしも反射波が戻ってくれば、送信から反射波の受信までに要した時間に基づき、対象物までの距離を計算できる。この動きはレーダーと同じで、使用する手段が異なるだけだ。これがいわゆるLIDAR（ライダー、Laser Imaging Detection and Ranging）である。

レーザー・ビームは細いので、限られた範囲しかカバーできない。しかし、次々に送信する向きを変えながら広い範囲を走査することはできる。すると、対象物の有無を示す「点」がたくさん集まったデータが得られる。これを点群データという。

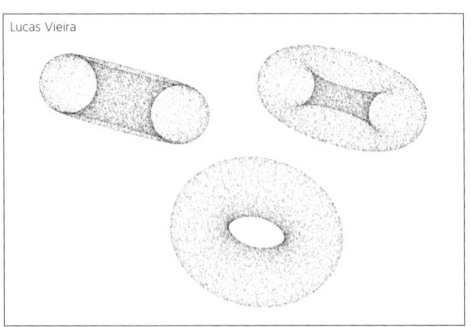

Lucas Vieira

点群データで立体として描いた環状体。左・中・右は、同じものを異なる角度から見たもの

つまり、合成開口レーダー※12（SAR：Synthetic Aperture Radar）が地表の凸凹を調べるのと同様に、レーザーによる走査で前方にある物体の凸凹を調べて、映像として表示できることになる。

レーザーの反射波を受信して、反射波が入射した方向に向けて誘導する仕組みを構築すれば、ミサイルや爆弾の誘導に使える。これが初めて登場したのはベトナム戦争のときで、米軍が投入したレーザー誘導爆弾（「ペイブウェイ」）がそれである。

EO/IRセンサーとレーザー目標指示器の一体化

※13：ポッド
軍事の業界では、何らかの機器やモノを収容するための筒型の入れ物を指す。英語ではpod。センサー機器を収容する使い方が主流だが、戦闘機搭乗員が携行品を入れて翼下に吊るすタイプのポッドもある。

　まず、EO/IRセンサーとレーザーの利用について、基本的な話を書いた。これらの技術を組み合わせると、空対地精密誘導兵器の運用に不可欠となる目標指示ポッド（ターゲティング・ポッド）ができる。

目標指示ポッド（ターゲティング・ポッド）

　筒型のポッド※13に所要の機器を納めて、その先頭部を旋回・俯仰が可能なターレットにする。そしてそのターレットの中に、電子光学センサー、赤外線センサー、レーザー目標指示器を組み込む。これが、目標指示ポッド（ターゲティング・ポッド）である。ターレットを旋回・俯仰させれば、機体の進行方向と関係なく、側方や後方に指向することもできる。

　独立したポッドなら、既存の機体に後付けできる利点がある。現行の製品例としては以下のものがある。

F-16戦闘機が装備するAN／AAQ-33スナイパー。平面の光学窓を組み合わせた外見に特徴がある

こちらはA-10攻撃機が搭載するAN／AAQ-28 LITENING。旋回・俯仰が可能なターレットを備える一般的な構成

●AN/AAQ-33スナイパーATP（ロッキード・マーティン製）

●AN/AAQ-28 LITENING（ラファエル/ノースロップ・グラマン製）

●AN/ASQ-228（Advanced Targeting Forward-Looking Infrared、RTX製）

● TALIOS（TArgeting Long-range Identification Optronic System。タレス製）

このうち、航空自衛隊のF-2戦闘機はスナイパーATPを搭載することになっている。そのスナイパーATPを紹介するロッキード・マーティンの公式動画が公開されている。「赤外線映像の鮮明さは可視光線に見劣りする」とはいうものの、「これだけ鮮明に見えるのか」とビックリする。動作原理上、白黒なのはどうしようもないが。

赤外線センサーの映像をディスプレイ装置の画面に表示するときには、熱い部分を黒く表示する「ブラック・ホット」と、熱い部分を白く表示する「ホワイト・ホット」の切り替えが可能になっているのが通例で、好みに応じて使い分けられる。

一方、同様の機能を機体に内蔵した例としては、F-35のAN/AAQ-40 EOTS（Electro-Optical Targeting System）がある。空対地の攻撃任務で使用するものだから下方を見下ろす形になり、よって

Lockheed Martin

AAQ-33スナイパーATP（先進目標指示ポッド）で撮影した、道路を走る一般車両

機首下面が最善の設置場所となる。

USMC

F-35B戦闘機の機首を下から見たところ。ノーズ・ギア収容室扉の前方に張り出している透明の出っ張りが、EOTSの収容部

　さらに、GPS（Global Positioning System）による測位機能を併用すると、もっとすごいことになる。ＧＰＳを使えば緯度・経度・高度・移動速度が分かる。そして、現在位置を基準にしたEO/IRセンサーの向きが分かれば、目標がどちら側にあるかが分かる。

　さらにレーザーで距離を測れば、目標までの距離も分かる。レーザーを指向した向きがすなわち、目標がある向きである。

　こうして、現在位置に加えて相対方位・相対距離が分かれば、目標の緯度・経度を計算できる理屈となる。目標の緯度・経度が分かれば、レーザー誘導の爆弾やミサイルだけでなく、GPS誘導の爆弾やミサイルも使える。

　いまどきの目標指示ポッドはたいてい、そういった機能まで備えている。それどころか、EO/IRセンサーの映像の品質が上がってきたので、偵察機の機能まで兼ねられるようになってきた。

　もちろん、本職の偵察機の方が性能のいい機材を搭載しているが、「画像の品質は、そこそこでもいいから」ということなら、目標指示ポッドを積んだ戦闘機に「ついでに偵察もやってくれ」と頼むことができる。

EO/IRセンサー・ターレット

　旋回・俯仰が可能なターレットを単体で製品化している事例も多い。これはポッド式ではないから、機体に固定設置する形となる。一般に「EO/IRセンサー・ターレット」というが、電子光学センサーや赤外線センサーだけでなく、レーザー目標指示機も内蔵するのが普通。

飛行中の偵察・攻撃用無人機MQ-9リーパー。センサー・ターレットは機首の下面に突き出している

※14：MQ-9リーパー
ゼネラル・アトミックス・エアロノーティカル・システムズ（GA-ASI）が開発・製造している無人機。MQ-1プレデターをスケールアップするとともにエンジンをターボプロップ化、搭載量の増加を実現した。民間向けモデルはガーディアンという。

ターレットといっても食品市場の中などで走り回っている貨物運搬車とは関係なくて、「turret」つまり「砲塔」が語源。旋回・俯仰が可能なところが共通しているので、この言葉を使うようになったと思われる。ただし、撃つのは砲弾ではなくレーザー・ビームだが。

たとえば、映画『ドローン・オブ・ウォー』に登場したMQ-9リーパー※14みたいな無人偵察機では、機首や胴体の下面にターレットを取り付けることが多い。ヘリコプターだと、視界を確保するために機首に取り付ける事例が多いようだ。

RTX（旧レイセオン）、テレダインFLIR（旧FLIRシステムズ）、L3ハリス・テクノロジーズ、IAI（Israel Aerospace Industries Ltd.）、エルビット・システムズ傘下のEl-Opなど、EO/IRセンサー・ター

MH-60R多用途ヘリの機首に取り付けられた、AN/AAS-44C（V）センサー・ターレット。機体下面に吊るす形が多いが、MH-60Rでは胴体下面に取り付けるスペースがないので、上下をひっくり返して機首に付けている。センサー窓が露出した状態で展示していた珍しい事例

レットを手掛けているメーカーは多い。FLIR[※15]システムズのごとき
は、製品がそのまま社名になったようなところがある。

　旋回・俯仰を可能にすることの意外な利点は、使わないときにセ
ンサー窓を後ろ向きにしたり、ターレット本体で隠れる向きにしたりし
て、保護できること。保護用のカバーや蓋を別途用意する必要がな
いので合理的だ。

映像情報の収集とデータ処理

　EO/IRセンサーで得られた映像は、センサーを搭載する航空機や
艦艇や車両の乗員が「その場限り」で利用すれば良い。しかし、デー
タをデータ通信で飛ばして他者と共有したり、いったん保存しておい
てコンピュータで解析したりする使い方もある。それがしやすいのは
デジタル・データの強みだ。

動画データの処理と管理

　ミリタリー・インテリジェンスに関わるデータはすべてそうだが、収
集するだけではなくて、それを必要に応じて引っ張り出して、評価・
分析の対象として活用してこそ意味がある。静止画や動画は有用な
情報源だが、その「必要に応じて引っ張り出して、評価・分析」を行
うのは、あまり簡単な仕事ではない。

　テキスト・データはデータ量が相対的に少ないし、検索処理もや
りやすい。それと比べると動画や静止画の方が大変だ。昨今のサー
チ・エンジンでは画像検索を行えるのが一般的だが、画像そのもの
ではなく、その画像を含むHTMLコンテンツ[※16]の内容をベースにす
るのが一般的。だから、場合によっては検索結果がゴミの山になるこ
ともある。

　UAVから送ってくる静止画や動画は、Webサイトのそれと違い、内
容を説明できるようなデータ（メタデータ）が付いてこない。すると、
静止画や動画そのものを解析する必要がある。

　せっかくUAVで大量の静止画や動画を収集・蓄積しても、それを

※15：FLIR
赤外線映像を得るセンサー
機器のうち、特に、航空機に
搭載して前方の様子を監視
するために用いられるものを
指す言葉。フリア。

※16：HTMLコンテンツ
HTMLとは、HyperText Ma
rkup Languageの略で、
Webサイトのコンテンツを作
成する際に用いられる。転じ
て、HTMLを用いて記述した
コンテンツのことをHTMLコン
テンツと呼ぶことがある。

※17：機械学習
英語では「マシーン・ラーニング」。人工知能（AI）は、素の状態では何もできず、まず大量のデータ・セットを読み取らせて「学習」させる必要がある。その学習操作のこと。

必要に応じて検索して利用できなければ意味がない。そこで問題になるのが、検索性を持たせる手段だ。データ量が多いだけに自動化したいところだが、静止画や動画の内容を自動的に認識する仕組みの開発は、一筋縄ではいかない。

内容の自動認識と比べると、比較照合の方がやりやすいかも知れない。つまり、ある場所を撮影した複数の静止画や動画を比較して、何か変化が生じていないかどうかを調べる手法だ。もしも変化があれば、敵軍が陣地を構築したとか、街中に仕掛け爆弾を設置したとかいった具合に、何か好ましからざるイベントが発生したことを示している可能性がある。

ただしこれも、撮影する角度や光線条件、昼夜の違い、天候の違いなど、本題とは関係ない差分を生み出す要因がいろいろある。そうした差分を排除して、本当に知りたい差分だけを拾い出したいところだ。

コンピュータで自動的に内容を解析するのが難しい場合には、仕方ないので人手に頼って内容を確認した上で、データにタグ付けを行って保存しておくことになる。Windowsには、画像データのプロパティとしてタイトルやキーワードの指定を行う機能があるが、それと同じ考え方だ。

AIによる映像解析と、その課題

そうした事情があるので、近年、センサー・データの解析にAIを援用する話がいろいろ出てきた。

そのひとつが、タレスが手掛けた「デジタル・クルー」。これは、装甲戦闘車両に搭載するセンサー機器にAIを援用して、状況認識能力を高めようとする取り組み。

先に書いた通り、赤外線暗視装置の映像を可視光線映像と比べると、映像の品質が良くない。過去には、赤外線暗視装置の映像に頼って交戦したら同士撃ちになってしまったこともあった。そこで、さまざまな車両などの赤外線映像を機械学習※17にかければ、識別の役に立たないだろうか、という発想が出てくる。

その、「デジタル・クルー」によるフィールド試験や評価の話に続いて2024年4月に、同じタレスが主導する欧州共同の研究案件、ST

仏タレス社が主導して欧州共同で手掛ける「STORE」のイメージ。センサーで得た映像データをAIが解析し、識別や脅威度判定をおこなう

ORE (Shared daTabase for Optronics image Recognition and Evaluation) の実施が決まった。陸戦用の映像センサーで得られる映像データを対象として、AIによる解析を行うとの内容。

　こうした研究開発の結果として「いける」と判断した場合でも、全幅の信頼を置いて頼りにできるレベルまで仕上げるには、時間がかかると思われる。なにしろ、学習データをどれだけ積み上げられるかがキモである。

　とはいえ、敵味方識別まで行くのは困難でも、「戦車かどうか分かる」ぐらいでも何らかの役に立つかも知れない。たとえば、センサーに組み合わせたAIが「あれは戦車です」といってきて、かつ「このあたりの友軍は戦車を持っていない」と分かっていれば「敵じゃないか?」という判断ができる。

　ただし、正しく認識することも大事だが、正しく認識しなかった場合にどうするかということも考えなければならない。AIが誤認識したせいで同士撃ちになりました、では洒落にならない。

　また、AIを使用する際には、そのAIをどのようにトレーニングする

かが問題になる。トレーニングに使用する学習データに偏りがあれば、AIの推論も偏ったものになってしまう。しかも、機械学習がどういう判定理由を用いているのかを、それを使用する人間が理解できないという問題が起きる。これを「ブラックボックス問題」という。

その一例として米陸軍が実施した識別実験がある。

これも「デジタル・クルー」と同様に、AIで映像を解析して、敵の車両か味方の車両かを判断させようとした案件。さまざまな戦車の映像を機械学習にかけて、それに基づいて判定させようとした。ところが、いざ本物の装甲戦闘車両を相手に試してみたら、誤判定が続発した。

そんなことになった理由は、学習データの偏りにあった。米軍の戦車を撮影した写真は晴天下で撮影したものが多かったが、仮想敵国の戦車は曇りの日に撮影した写真が多かった。それを機械学習にかけたところ、戦車の外形・外見ではなく、背景のお天気の方を学習してしまったのだ。それでは、同じM1エイブラムズ戦車なのに、晴れた日には「味方」、曇りの日には「敵」と判断してしまう事態が起きても不思議はない。

単にAIを活用すれば問題が解決するわけではなく、AIが意図した通りに機能してくれなければならない。そのことの難しさを示した一例といえる。

動画は通信とストレージの容量を食いまくる

いうまでもなく動画のデータ量は膨大だ。すると、データを配信するには高性能の通信手段が必要になるし、受信したデータを保存するには巨大なストレージ（データ保存手段）を必要とする。UAVは電線を引きずって飛ぶわけにいかないので、必然的にデータの伝送手段は無線通信になる。見通し線圏内なら通常の無線通信で、見通し線圏外なら衛星通信で伝送する。解像度が640×480〜1,920×1,080ピクセル程度に抑えて、圧縮技術を併用するにしても、膨大なデータ量になる。

普通、1機のUAVにはセンサー・ターレットを1基搭載するので、映像も1チャンネルだけである。しかし、そうすると特定の場所を集中

広域監視システム「ゴルゴン・スティア」のポッドを主翼下に搭載したMQ-9無人機

的に見張るにはよいが、広い範囲を同時に監視するには具合が良くない。そこで、本シリーズの『無人兵器』で取り上げたことがある、シエラネバダ社製のゴルゴン・ステアや、BAEシステムズ社製のARGUS-IS(Autonomous Real-Time Ground Ubiquitous Surveillance Imaging System)といった広域監視システムが登場する。

　広い範囲を同時に見るためにカメラの数を増やしているが、その分だけデータ量も増える。ゴルゴン・ステアを例にとると、昼光用カメラ×5基と赤外線センサー×4基を内蔵する重量250kgのポッドを、MQ-9に2基搭載する。こうしてカメラの台数が増えれば、それに比例してデータ量も増える。データ量が増えれば、それを処理する際の負担も増える。

EO/IRセンサーへの対処

　ここまで、各種のEO/IRセンサーについて解説してきた。探知する側からすれば、昼夜・天候を問わずに使える探知手段はありがたいものだが、探知される側からすれば困ったことになる。しかし「矛盾」の故事があるように、新たな探知手段ができれば、次はそれへ

の対抗手段が登場するものだ。

迷彩と隠蔽、進化する擬装網

　まず、可視光線を用いるセンサーへの対抗手段。基本的には、「背景に溶け込んで見つかりにくくする」方法と、「何かの背後に隠れる」方法が考えられる。前者の典型例が迷彩服や迷彩塗装であり、後者の典型例が擬装網や塀の類であろう。

　白い背景のところに白いものを置いても見つけにくい。これは誰でも容易に理解できる種類の話。つまり、背景と同じ色や模様を用いることは、背景に溶け込んでしまい、背景との区別を困難にする。だから雪国では冬季になると白を迷彩に使うし、砂漠や森林にもそれぞれ最適な迷彩がある。

　擬装網も、そこに擬装網があると露骨に分かってしまったのでは意味がないので、設置する場所の背景に合わせた色や模様を使用する方が好ましい。ただし擬装網の効果は、その下にあるモノを覆い隠すことにあり、「直接、視認できる場所にあるモノを背景に溶け込ませ

SAAB

偽装網「バラキューダMCS」で覆って隠した2両の戦車。2両目を見つけるのはカラーでも難しい

る」迷彩とは働きが違う。だから擬装網は隠蔽の手段に分類できる。

　なお、擬装網を漫然と設置すると「周囲にあるモノとは明らかに形が異なる物体」が出現して藪蛇となる。

　いずれにしても、当初は可視光線による視覚的な探知に対抗する手段として登場した。しかし擬装網については、事情が変わってきている。赤外線センサーの利用が一般化したため、赤外線の放出を抑える機能が求められるようになったのだ。そうした製品のひとつに、サーブ[18]のバラキューダMCS（Mobile Camouflage System）がある。見た目はありきたりな擬装網だが、実は赤外線の放出を抑制して、赤外線センサーに見つかりにくくする機能も備えている。

※18：サーブ（SAAB）
スウェーデンの航空機メーカー。「スウェーデン航空機会社」を意味するSvenska Aeroplan ABを略して社名とした。傘下の自動車部門、サーブ・オートモービルを手放した一方で、エリクソンの防衛電子機器部門や造船所のコックスムスを傘下に収めて、総合防衛メーカーとなっている。

口絵6ページに掲載した赤外線写真。じつはここにもう1人いる。赤外線対策を施した迷彩服やバラキューダを身に着けると、可視光でも赤外線でも容易には見つけられない

煙幕

　古典的な「背後に隠れる」手段としては、煙幕がある。昔は、軍艦が機関の動作に手を加えて意図的に煙を出し、煙幕を張る場面が多く存在した。普段は、煙を出すと見つかりやすくなるので煙を出さないように工夫するが、いったん見つかってしまえば話は逆。煙をモクモクと吐き出して、その背後に隠れてしまえば、直接の視認は難しくなる。

　もっとも、こういう手段が用いられたのは、目視できる近距離での交戦が当たり前だったから。遠方から対艦ミサイルを撃ち込むやり方になると、これはレーダー誘導が一般的だから、煙幕を展張する意味がなくなる。だから現代の海戦では、「煙幕展張」の命令が飛ぶことはなさそうだ。

　一方、陸戦では依然として、発煙手榴弾や煙幕弾は現役だ。個人で携行して、必要に応じて手で投げ込むときは発煙手榴弾を使う。

隠蔽以外の用途としては、上空にいる友軍機に対して味方の位置を示すときに、特定の色の煙を出す発煙手榴弾を投げ込む使い方がある。「青い煙のところに味方がいる」といった按配である。

一方、煙幕弾は砲弾の形をしており、火砲を使って撃ち込む。たとえば、これから敵陣に向けて突撃するという場面で、味方の動きが敵から見えなくなるようにする目的で、自陣と敵陣の間に煙幕弾を撃ち込んでもらう。

単に目視を妨げればいいということなら、とにかく何か濃い煙が出ればいいが、対抗手段として赤外線センサーが使われるようになると話が変わる。敵軍が使用している赤外線センサーの対応波長に合わせた赤外線を放出する、そんな発煙剤が必要になるからだ。

といっても、まさか「そちらで使っている赤外線センサーはどんな波長に対応しているのか」と敵軍の指揮官に電話して訊くわけには行かない。すると、さまざまな波長の赤外線を放出するような発煙剤を開発するか、あるいはそれぞれ異なる波長の赤外線を放出する発煙剤を混ぜた煙幕弾を用意する必要がある。

たとえば、戦車などの装甲戦闘車両は敵軍による探知や照準を困難にする目的で発煙弾発射機を備えている。そこから撃ち出す発煙弾は、単に煙を出すだけとは限らない。赤外線センサーへの対処も考慮していると考えられる。敵軍の戦車なども赤外線センサーを持っているのは自明の理であるからだ。

Koji Inoue

富士総合火力演習で、発煙弾を一斉発射した直後の状況。彼我ともに肉眼では相手を見つけることができない

フレア

「探知」に対抗する手段は、ここまで述べてきたような話になるが、

さらに「目標捕捉」への対処も必要になる。分かりやすいところでいうと、赤外線誘導のミサイルが飛んできたら、どうやって当たらないように邪魔をするか、という話になる。

すると、もっともシンプルな対策は、「味方の車両や艦艇や航空機よりも目立つ赤外線発生源を用意すれば良い」となる。それがすなわちフレア（火炎弾）である。

煙幕弾や発煙手榴弾は、なるべく長く煙幕を出してくれる方がありがたい。それに対してフレアは、長持ちしなくてもいいから、とにかく強力な赤外線発信源が欲しい。贋目標を作り出すのが狙いだから、本物の目標よりも目立ってくれないと仕事にならない。

また、ひとつだけでは目立つといっても限りがあるので、複数のフレアを束で撃ち出す使い方が多い。分かりやすいところでは、海上自衛隊の観艦式で哨戒機がフレアを放出したり、富士総合火力演習のフィナーレで並んだ戦車が一斉に発煙弾を投射したりする、あれだ。

ちなみに、強い赤外線発生源の代わりに強い光源を用意すると、NVGに対する妨害ができる。微弱な光を増幅するのがNVGだから、強い光が入射するとNVGが過負荷になって機能不全を起こしてしまうのだ。

Koji Inoue

2012年の観艦式予行で、フレア散布をデモするP-3C哨戒機

軍民で多用されているEO/IRセンサーやレーザー

こうした各種センサーは、決して軍事の専売特許というわけではなく、民間でも広く使われている事例がある。

※19：射撃統制装置
火砲やミサイルなどを撃つ際に、狙いをつけたり、誘導に必要な情報を与えたりする装置をFCS（ファイア・コントロール・システム）という。それを陸軍では射撃統制装置、海軍では射撃指揮システム、空軍では射撃管制システム（編注：火器管制装置とも）というのが一般的。

訓練に不可欠なレーザー

破壊の手段としてはなかなかものにならず、最近になってようやく実用に供する事例が出てきたレーザー兵器。一方、前述したように武器の誘導手段としてはベトナム戦争を皮切りとして、広く使われている。そして、ターゲティング・ポッドや戦車の射撃統制装置[19]など、測距の手段としても多用されている。

ところがもうひとつ、レーザーが活躍している分野がある。それが訓練機材。

「訓練で汗を流せば、実戦で血は流れない」という業界の金言がある。できるだけ実戦に近い訓練をやって、本番になる前に本番と同じような状況を経験することの意味は大きい。しかしだからといって、実弾で撃ち合うわけにも行かない。

そこで登場したのが、実弾の代わりにレーザーを"撃つ"方法。もちろん破壊に至るほどのパワーはない。演習に参加する兵士はみんな、レーザー送信機とレーザー受信機を取り付けたライフルや機関銃や車両を使う。そして、"撃たれて"レーザー・ビームを浴びると、

SAAB

サーブのGAMERシステムのレーザー送信機を装着した小銃

レーザー受信機が反応する仕組みだ。

こうしたシステムとしては、米軍のMILES（Multiple Integrated Laser Engagement System）が長い歴史を持ち、かつ、広く使われている。これ以外にもさまざまな製品があり、たとえばサーブのGAMERがそれ。

銃身の先端部には、汎用のアダプタを介してレーザー送信機を取り付ける。アダプタはサイズ調整が可能なので、多様な銃器に対応できる。ただし銃身が狙っている方向とレーザー送信機が狙っている方向がズレたら訓練にならないから、調整して合わせる仕掛けも用意してある。また、使用する武器によって射程や弾道特性が異なるから、取り付ける武器に合わせて、ソフトウェアを再プログラムして対処する。

撃たれたことを示す手段として、個人なら交戦フィードバックデバイス（EFD）を手首に付ける。このデバイスは、ランプの点滅、音響、そしてバイブレーションと3種類の手段を用いて、撃たれたかどうか、撃たれても動ける状態なのか、それとも即死したのか、といった区別を教えてくれる。あるパターンの振動を感知したら「私はすでに死んでいる」となるわけだ。

1 サーブのGAMERシステムで使用するレーザー送信機。**2** レーザー光を受信して "撃たれる" と、この交戦フィードバックデバイス（FED）が反応して音や振動で知らせる

赤外線センサーで座面の濡れを確認

意外なところでは、新幹線の車内整備。車内の清掃や腰掛の方向転換、カーテンの位置統一など、さまざまな作業が行われている。ときには、乗客が飲み物をこぼすなどして、腰掛の座面が濡れてしまうこともある。それを見落とすと、折り返し列車の乗客に迷惑がかかる。

そこで、座面の濡れがないかどうかを確認するために赤外線セン

※20：プリズム
ガラスや合成樹脂、水晶など
の透明な素材で作られた多
面体で、光を分散・屈折・
反射させる機能を提供する。
潜望鏡では、取り込んだ光を
曲げて接眼部まで伝達する
ために用いられる。一眼レフ
カメラでは、ミラーで反射した
光をファインダーに伝達する
ために用いられる。

サーを使用している事例がある。目視では確認しづらい座面の濡れ
が、赤外線映像だと明瞭に分かるそうだ。筆者が取材した某社の場
合、使用していたのはFLIRシステムズ製のサーモグラフィだった。

ぶつからないクルマと測距儀

　筆者が乗っているクルマはスバル・インプレッサだが、これには
衝突安全システム「EyeSight」が付いている。他車の同種システム
ではレーダーを使用して先行する車との距離を測るものが多いが、
「EyeSight」の特徴はステレオカメラの映像を使用しているところ。
　ステレオカメラだから、カメラは少し間隔を空けて左右に2台、並
べてある。その2台のカメラから得られる映像を利用して、先行車と
の距離を測っている。また、「EyeSight」のカメラは当初、白黒だっ
たが、後にカラー化された。すると色の識別が可能になるので、先行
車がブレーキを作動させたことを検知できる。

SUBARUのEyeSightが備えるステ
レオカメラは、こんな外見をしている

　ステレオカメラの原理を利用する軍用の光学機器といえば、測距儀
（レンジファインダー）である。左右に離して設置した対物レンズから映
像を取り込み、距離計に連動して回転する鏡、あるいはプリズム[20]を

旧日本海軍 戦艦「武
蔵」の艦橋。左右に張
り出したアームが15
メートル測距儀

用いて、取り込んだ映像を合成プリズムに送る。接眼レンズから見ると左右、あるいは上下に食い違った映像が表示されており、食い違いがなくなるようにつまみを操作すると距離計が動く。この操作によって距離を測る仕組み。

　昔の軍艦は主砲の射撃に必要な諸元を得るために、目標までの距離を測る手段として光学式測距儀を備えていた。左右の対物レンズの間隔を基線長といい、基線長が大きいほど高性能とされる。

　今は、レーダーなど、他の手段があるので、大がかりな光学測距儀を備える軍艦はなくなった。しかし、個人携行できるような小さな測距儀は立派な現役。海上自衛隊では、航行中、あるいは出入港の際に近隣の艦船や物標との距離を測るために、こうした小型測距儀を使用している。

Koji Inoue

1941年に進水したサウスダコタ級戦艦「マサチューセッツ」の主砲塔。後部の左手に突き出ているのが測距儀の光学系

USMC

第2部
陸・海・空のEO/IRセンサー

第1部では、いわゆる電子光学/赤外線センサーと、
関連するセンサーとして紫外線センサーやレーザーの話を取り上げた。
第2部では、それが実際にどのように使われているかを見ていこう。

目視確認のためにカメラを設置する事例

　市販の乗用車は窓ガラスを大きく取り、視界を確保することが重要である。死角が多いと周辺状況の確認が難しくなり、事故の元だ。ところが軍事分野では、防御の観点などから、大きな窓を設置できない場面が多い。たとえば戦車がいい例である。

死角を減らすためのテレビカメラ

　クルマの運転免許証を取得するために教習所に行くと、必ず「死角があるから気をつけましょう」という話が出てくる。実際、運転席から見えない範囲はどうしてもある。だから、身体や首をひねって周囲の状況を確認する必要があるし、それを補うためにミラーをいろいろ付けている。

　それでも完全ではなくて、たとえば後方直後の状況はどう足掻い

Koji Inoue

観閲式に登場した90式戦車。砲塔の前方で、操縦手が首を外に突き出している様子が分かる。白く囲んだところにあるのが、操縦手用の3つ（前方・右前方・左前方視界）のペリスコープ（潜望鏡）

ても見えないし、狭い道から広い道に出るときの左右確認も往々にして障害物に邪魔される。

そこで最近、後部を見るためのカメラを仕込んだクルマが増えてきている。レンタカーでよく見るが、セレクターレバーを「R」に入れると自動的にカメラが作動して、映像をカーナビのディスプレイに表示する。また、左右向きのカメラをノーズに仕込んで、狭い道から出るときの左右確認を容易にしている事例もある。

それなりに視界に気を使っている市販の乗用車でもそんな状況だが、これが防禦力が最優先の装甲戦闘車両[※1]だとどうなるか。そもそも窓が小さい。いや、窓といえる代物ではなくて「覗き穴」という方が正しい。だから、戦車や装甲車の操縦手は、広い視界が欲しいときには頭上のハッチを開けて首を外に出している。天気がいいときはいいが、雨や雪のときは大変だ。

また、市街戦になると敵がどちらにいるか分からないので、周囲の状況把握は死命を制する大問題になる。

そこで最近、車体の周囲にカメラをいくつも取り付けて、全周視界を確保できるようにした装甲戦闘車両が増えている。映像は、車内に取り付けたディスプレイで見る。こうすると、身体を外に出して狙撃される事態は避けやすい。

この周囲監視カメラもそうだし、遠隔操作式ウェポン・ステーション（要するに電子光学センサーと機関砲を組み合わせた無人砲塔）にしろ、「装甲で護られた車体内から操作できる」ところが強くアピールされている。もちろん、外に頭や身体を出して監視するに越したことはないが、それをやって撃たれて死傷した事例はたくさんある。

※1：装甲戦闘車両
車輪や履帯を備えて陸上を走り回る車両に、敵弾から身を護るための装甲板を張り巡らせた、戦闘任務用の車両。もっともポピュラーなものは戦車だが、兵員輸送車や、火砲を車載化した自走砲など、さまざまな種類がある。

リモート・ウエポン・ステーションによるM2機関銃の射撃。ちなみに射撃手は車内にいるとは限らない

※2：CIC
軍艦における戦闘指揮の中枢で、センサーによる探知や無線機による通信などといった形で情報が流れ込んでくる。そして、彼我の位置情報を表示・把握するための装置を設けるほか、搭載する武器の操作もここから行う。日本語の「戦闘情報センター」よりも、もっぱら「CIC」と呼ばれる。

外に出られないのでテレビカメラ

お次は、海の上の話。

軍艦ではNBC防護、つまり核・生物・化学兵器対策を取り入れていることが多い。その場合、外気をそのまま艦内に取り込むと艦内も汚染されてしまうから、フィルターを通したり、外気の侵入を遮断したりする。また、外部に露出した部分に放射性物質や生物化学兵器が付着した場合に備えて、洗浄用の水を噴射する配管とノズルが至るところに設けてある。

もちろん、そんな場面で乗組員が露天甲板に出るのは望ましくないが、もしもそうなってしまった場合、あるいはそういう必要が生じてしまった場合にはどうするか。実は艦内に「洗身室」があって、シャワーを浴びて付着物を洗い流すようになっている。

このほか、レーダーが作動していると強力な電波が出るので外に出てはダメ、ということもある。イージス艦が典型例である。

それで何をいいたいのかといえば、「外には出られない、でも外の様子を把握できないと困る」という場面があるということだ。そこで当節の軍艦は各所にテレビカメラを装備していて、艦橋、あるいは戦闘情報センター（CIC※2：Combat Information Center）に設けたディスプレイで映像を見られるようになっている。

US Navy

駆逐艦内の戦闘情報センター（CIC）のモニターに映し出された、甲板上の垂直発射装置（VLS）。蓋が開いたところで、この後、ミサイルが発射される

たとえば、ミサイル発射器からミサイルを発射する模様をテレビカメラで監視するとか、ヘリ発着甲板における作業の模様を艦橋やCICから見るとかいった用途が考えられる。艦内の奥深くで窓がな

いCICはいうまでもないが、艦橋からでも後部のヘリ発着甲板を見るのは物理的に不可能だから、これもカメラが欲しいところである。

艦上で運用する場合の特徴として、雨や波を被って視界が妨げられることがないようにワイパーを備えている点が挙げられる。海上自衛隊が護衛艦を一般公開したときに訪れる機会があったら、観察してみよう。意外なほど多数のテレビカメラを、露天部分のあちこちに設けてあるのが分かる。

米海軍の駆逐艦「ベンフォールド」が備えている監視カメラ。ちゃんとワイパーが付いている!

テレビカメラを備えることの別の利点として、映像を記録しておける点が挙げられる。もしも何か事故や不具合が発生してしまったら、原因究明の際に記録映像が役に立つ。

空中給油機もカメラ仕掛け

「陸」「海」ときたので、「空」も何かあるかな… と思ったら、あった。空中給油機である。

空中給油の方法には、フライング・ブーム方式とプローブ&ドローグ方式がある。フライング・ブーム方式の場合、機体の後部にブーム・オペレーターが座って、目視でブームを操作していた。ところが最近の給油機はカメラ仕掛けになって、ブーム・オペレーターは前部でカメラの映像を見ながら操作する方法が主流になった。

ただし空中給油は昼夜を問わずに行うから、可視光線に対応したテレビカメラでは夜間に困ってしまう。だから赤外線センサーを使用している。そして、給油ブームと、給油する相手の機体(レシーバーという)の位置関係を把握しやすくするために、立体映像を表示する事例もある。立体映像を得るためには、カメラは1台では済まず、複

オーストラリア空軍の KC-30A（エアバスA 320-200MRTT）給油機が備える、受油機を見るためのカメラ。写真ではひとつしか写っていないが、実際には複数のカメラからの映像を組み合わせている。両側面に付いているのは、周辺状況を監視するためのカメラと思われる

フライングブーム方式による、空中給油シーン。給油を受ける側の機は、給油機の真後ろにぴたりとつける。写真に示したカメラは矢印の所にある

数を設置しなければならない。

　こういう仕掛けが必要になるのは、ブーム・オペレーターが手作業でブームを動かしたり伸縮させたりして、受油側の機体の給油リセプタクル（受け口）に突っ込む操作を行っているから。

　プローブ＆ドローグ方式の場合、給油機は単にホースを伸ばして真っ直ぐ飛んでいるだけなので、カメラは要らない。受油側の機体が、そのホースの先端に設けたドローグに突っ込む受油プローブ（要するに燃料配管を組み込んだ棒状の突出物）を目視できるように、照明用のライトがあればいい。受油プローブはコックピットから見える場所に設置するから、それで用が足りる。プローブ＆ドローグ方式で給油を受ける場面は、たとえば映画『ファイナル・カウントダウン』に出てくる。

NOCTIS IN DIES（夜を昼に変える）

　このように、可視光線と赤外線でそれぞれ反応する対象が異なり、見える映像にも違いがある。そこで、この両者を一体化して、併用できるようにするのが一般的だ。

なぜEOとIRを併用するのか

　可視光線の方が波長が短い分だけ映像が鮮明で、しかもカラーである。対して、赤外線センサーは暗闇でも使えるが、赤外線の強弱を映像の濃淡に置き換えて表示するから、必然的に白黒になる。つまり一長一短があるので、どちらか一方だけで済む場面は限られる。

　それなら両方あった方がいいということで、目下の主流は電子光学センサーと赤外線センサーをひとつの機器にまとめた、それを電子光学/赤外線センサーという。業界用語ではEO/IRセンサーといい、この言葉は第1章でも出てきた。明るいときには可視光線で見る。光源がなくなって暗くなったら赤外線に切り替える。いずれも、検知するデバイスの進歩とコンピュータ技術の組み合わせが、使い物になるパッシブ式センサーを生み出した。

　なお、明るいから赤外線センサーは用がない、とは限らない。赤外線センサーは対象物が発する赤外線を捉えるもので、物理的な形を見ているわけではない（そこが可視光線と大きく異なる）。だから、同じものを見ていても、可視光線映像と赤外線映像は同じにならない。たとえば走行中のクルマであれば、エンジンや排気ガスが主要な熱源になるから、赤外線センサーで見るとボンネットとマフラーの部分が目立つのではないか。

　ただし、可視光線用のCCDカメラと赤外線センサーを同じ場所に入れようとすると、受光素子の場所が奪い合いなって喧嘩になる。そこで、両者は並べて設置してある。もちろん、（おそらくは光学系の

1 迷彩柄のテントは肉眼だと見つけづらいが、**2** 赤外線の眼を通して見ると周囲よりもやや明るく見える。ちなみにその右上には赤外線対策されたもうひとつのテントがあるが、こちらは簡単には見つからない

工夫によって）見られる範囲がずれないようにしてある。

　なお、赤外線センサーのうち特に、航空機が前方の状況を把握する目的で使用するものを前方監視赤外線センサー（FLIR：Forward Looking Infrared）と呼ぶことがある。ときどき、これを「前方監視赤外線レーダー」と訳している本があるが、使用するのは赤外線であって電波ではないし、パッシブ専用だから誤訳である。

　高性能のパッシブ式赤外線センサーが登場したため、探照灯や照明弾に頼らなくても、夜間戦闘を現実的に行えるようになった。また、F-35が装備するAN/AAQ-37 EO-DAS(Electro-Optical Distributed Aperture System)みたいに、「昼夜を問わずに全周を見られる視界装置」なんていう飛び道具も実現できた。

　かくして、当節では戦闘機でも艦艇でも装甲戦闘車両でも、たいてい、パッシブ式の赤外線センサー、あるいはEO/IRセンサーを備えている。そうした流れの発端となった機体のひとつが、F-15Eストライクイーグル[※3]ではないかと思われる。

夜間低空侵攻が求められたF-15E

　F-15Eは、F-15イーグルをベースにして対地攻撃用の機体に仕立てた機体だ。といっても、単に空対地兵装を積めるようにしました、と

USAF

離陸したF-15E戦闘爆撃機のおなか側。エアインテイク下の取り付け位置に、AN/AAQ-13航法ポッド（向かって左）とAN/AAQ-33スナイパー目標指示ポッド（同右）を搭載している

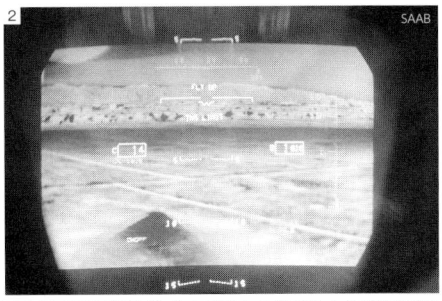

1写真中央、空気取入口の下にぶら下がっているのが、AN/AAQ-13 LANTIRN航法ポッド。二段重ねの構成で、上の段の先端にある四角い窓が赤外線センサー。下の段の先端にある丸い部分が地形追随レーダーのレドーム **2**AN/AAQ-13航法ポッドがF-15EのHUDに映し出した、飛行中の前方の景色

いうだけの機体ではない。

　この機体に求められたのは、「夜間に、レーダー探知を避けるために地面スレスレの低空飛行を行いながら敵地に侵入して、目標に精確に到達したところで一発必中の精密誘導兵器を叩き込む」こと。それをどうやって実現するか。

　まず、地面スレスレの低空飛行は、地形追随レーダー[※4]によって実現できる。これはF-15Eの出現よりも前からある機材で、前方の地形をレーダーで調べて、自動操縦装置を使って起伏に合わせた上昇・降下を行いながら飛行する。

　「でも、それを夜間にやったら前方の光景が見えないのだから、状況が分からなくておっかないのでは?」

　仰せの通り、その通り。そこで赤外線センサーが登場する。

　F-15Eは2個のポッドからなるLANTIRN (Low Altitude Navigation and Targeting Infrared for Night) という機器を搭載している。そのうち、右側の空気取入口下面についているのがAN/AAQ-13 LANTIRN航法ポッド。地形追随レーダーと赤外線センサーを組み合わせたもので、これによって前方の地形の起伏に関する情報、それと映像を得られる。

　起伏の情報はそのまま自動操縦装置に送り込んで地形追随飛行に使用するが、赤外線映像の方はパイロットの目の前にあるHUD[※5] (Head Up Display)に表示する。だから、HUDの範囲内に限られるものの、前方の暗闇が赤外線映像に化ける。

　これによって夜間でも昼間に近い感覚で飛べるようになるという理

※4：地形追随レーダー
航空機が低空飛行を行う際に、前方にある地形の変化（凸凹あるいは起伏）を把握する目的で用いられるレーダー。自動操縦装置と連動させると、地形の起伏に合わせて自動的に上昇・下降できるようになる。

※5：HUD
戦闘機のパイロットが計器盤に視線を落とさなくても、速度・高度・姿勢といった飛行諸元、そして目標の照準に関わる情報などを得られるようにする装置。計器盤の上に設置したハーフミラーに映像を投影する。F-15Eでは、ここにFLIRの映像も表示できる。

屈。そこでLANTIRN計画が掲げた標語が、「NOCTIS IN DIES」。これは「夜を昼に変える」という意味のラテン語だ。これで「Low Altitude Navigation」は達成できる。では、「精密誘導兵器を叩き込む」の方は？

▍精密誘導兵器の運用能力を実現

そこで登場するのが、左側の空気取入口の下面に搭載するAN/AAQ-14 LANTIRN目標指示ポッド（ターゲティング・ポッド）。先端部が独立して旋回・俯仰できるようになっていて、そこに赤外線センサーとレーザー目標指示器が収まっている。ただし最近では、F-15EはAN/AAQ-14に代わり、もっと新しいAN/AAQ-33スナイパーを装備している。

レーザー目標指示器とは、レーザー誘導爆弾(LGB：Laser Guided Bomb)やレーザー誘導の空対地ミサイルに対して目標を指示するために、レーザー・ビームを照射する機器。爆弾やミサイルは、照射したレーザー・ビームの反射波をたどって目標まで飛んでいく。

AN/AAQ-14にも赤外線センサーがついているが、AN/AAQ-13のそれは航法用だから視野が広く、AN/AAQ-14やAN/AAQ-33

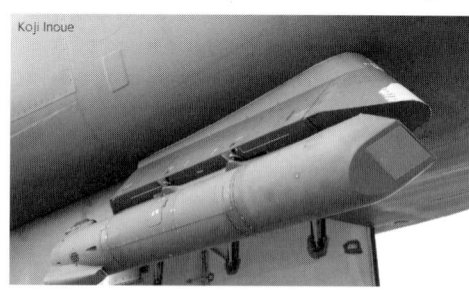

AN/AAQ-33スナイパー目標指示ポッド。ただしF-15E戦闘爆撃機ではなくB-1B爆撃機が搭載したときの写真。世代が新しいので、機能的にもAN/AAQ-14を上回っている

AN/AAQ-33スナイパー画ディスプレイに映し出した地上の映像

のそれは照準用だから視野が狭いという違いがある。

　超望遠レンズ付きのカメラを使った経験がある方ならお分かりの通り、焦点距離が長いと遠くのものが大きく見える代わりに、画角が狭いので、狙ったものをパッとフレームに捉えるのが難しい。だからF-15Eでは用途に合わせて、画角と焦点距離が違う2種類の赤外線センサーを併用している。

　ともあれ、AN/AAQ-14やAN/AAQ-33があれば、夜間でも目標を捕捉して赤外線映像を得られるので、それを見て「ここを狙え」と指示できる。そこにレーザー・ビームを照射してから爆弾、あるいはミサイルを投下すれば、そこに（たぶん）命中する。

　もっとも、この手のメカはF-15Eが初めてではない。それより前、F-4Dが搭載したAN/ASQ-153 ペイブ・スパイクや、F-111Fアードバークが胴体下面に設置したAN/AVQ-26ペイブ・タックといった製品がある。もっともペイブ・スパイクの場合、目標追尾を手作業で行わなければならなかったのがつらいところ。

　その後、EO/IRセンサーとレーザー目標指示器を一体化して旋回・俯仰を行えるようにしたターゲティング・ポッドという製品カテゴリが一般化したのは、すでに書いた通り。同じ機能を機内に組み込んだ、F-35のような事例もある。

映画『アパッチ』とAH-64

　あいにくとF-15Eストライクイーグルが主役の映画はないようだが、AH-64アパッチ攻撃ヘリなら、その名もズバリの『アパッチ』という映画がある。このAH-64も、F-15Eと同じような仕掛けを備えている。

　それが、機首に付いているTADS (Target Acquisition Designation Sight/Pilot Night Vision Sensor)とAN/AAQ-11 PNVS (Pilot Night Vision Sensor)。ワンセットになっているので、まとめてTADS/PNVSと呼ぶこともある。

　下側に付いている大きな円筒形がAN/ASQ-170 TADSで、ターゲティング・ポッドと同じ機能を持ち、上下・左右に首を振る。その上部に載っているのがPNVSで、こちらはパイロットが夜間にも視野を得るための赤外線センサーを内蔵している。

AH-64攻撃ヘリの機首。上に付いているのがパイロット用のPNVSで、左右に首を振る。下にある円筒形の物体が射手用のTADSで、上下・左右に首を振る。レーザー目標指示器はTADSにだけ付いている

　TADSの映像は射手席の計器盤に取り付けられた画面に現れるので、射手はそれを見ながらターゲットを指示して交戦する。

　一方、PNVSの映像は、パイロットが被るヘルメットに取り付けられた小さな円形ディスプレイ、IHADSS（Integrated Helmet and Display Sighting System）に表示される。戦闘機は前進飛行しかしないから、LANTIRN航法ポッドの映像はHUDに表示したが、ヘリコプターはホバリングも後進も横移動もするし、パイロットは右を見たり左を見たりする。すると固定設置のHUDでは具合が悪いので、ヘルメットにIHADSSを組み込んだ。

　ただし映画「アパッチ」でも出てくるが、赤外線映像を表示するIHADSSの表示装置は右眼にしかないので、これを使いこなすにはかなりの熟練が必要になる。

IHADSSを装着した、アパッチ前席の銃手

陸戦用の暗視装置

　次は陸戦用の暗視装置。搭載するプラットフォームの幅が広いことと、ターゲティング（目標指示）よりも純然たる暗視用が多いところに

特徴がある。

車両の暗視装置

　戦車をはじめとする装甲戦闘車両では、暗視装置は必須のものとなっている。大きく分けると、「交戦相手を探して狙いをつけるための暗視装置」と「操縦手が視界を確保するための暗視装置」がある。後者は特にDVE(Driver's Vision Enhancer)、つまり「操縦手のための視界増強装置」と呼ぶことがある。

　我々がクルマを運転するときには、暗くなったら前照灯を点灯する。しかし、戦闘場面でそんなことをやったら闇夜に提灯、簡単に敵に見つかって撃たれてしまう。だから前照灯に頼らずに夜間走行する必要があり、そこでDVEの必要性が生じる。

　交戦の際に敵を探す場面でも事情は同じで、探照灯で照らす方法は問題外。かといって、照明弾を撃つ方法では使える時間に限りがあり、連続的に照らし続けるには次々に照明弾を撃ち込む必要がある。そして、自ら赤外線を放射するアクティブ式暗視装置では、これまた「闇夜に提灯」になってしまうから、パッシブ式でなければならない。

　よって、暗視装置の主流は画像赤外線センサーということになる。昼間でも、霧や靄、あるいは交戦によって発生する煙など、視界を妨げる要因はいろいろあるから、そういう場面でも赤外線暗視装置は役に立つ。

　赤外線映像は赤外線の強弱だけで映像を生成するので、必然的にモノクロになる。また、波長の関係で可視光線より映像が粗くなるのは致し方ない。それでも近年、画質は良くなってきているようだ。

　なお、交戦用の暗視装置ではレーザー測遠機[6]もワンセットになる。砲や機関銃を撃つために、目標までの距離を知る必要があるからだ。実際の操作手順は、「暗視装置の映像を見て目標を捜索」➡「交戦の対象を選択・指定」➡「レーザー測遠機で距離を測る」➡「目標の距離と方位に関する情報を射撃統制装置に入力」➡「発射」といった按配になる。

　部外者はついつい忘れてしまう話だが、銃砲の弾にはそれ自身の

※6：レーザー測遠機
目標に向けてレーザーを放ち、その反射が戻ってくるまでの時間を調べて距離を測定する装置。今の戦車はたいてい装備している。

質量があるので、飛翔しているうちに引力によって少しずつ落下する。つまり遠距離になるほど照準点より下に着弾するので、それを考慮に入れて狙いをつけるには距離のデータが不可欠だ。

交戦対象を指定する際に、タッチスクリーン式ディスプレイを使用する車両があるそうだが、揺れる車内で間違いなく指示できるんだろうか、と素人目には心配になってしまう。実際のところはどうなんだろう。

富士総合火力演習の夜間射撃のシーン。明るい線は曳光弾の弾道。真っ暗闇でもこれほどの撃ち合いをするには、クリアな視界が必要だ

個人が装備する暗視装置

海や空と違い、陸上における最小の戦闘単位は個人（歩兵）である。だから、個人で装着できるような暗視装置も必要になる。

普通、掌に載るぐらいのサイズにまとめた単眼式、あるいは双眼式の暗視装置を目の前に来る位置に据える。ところが、何か固定する手段が必要になるので、ヘルメットに取り付ける。先にも出てきた暗視ゴーグル（NVG）である。NVGをヘルメットに固定すれば両手が空くので、武器を持ったり操作したりするのに支障はなくなる。いちいち片手あるいは両手で暗視装置を持たなければならないのでは、仕事にならない。

当初、NVGはパッシブ赤外線暗視装置ではなく、微弱な光を増幅する光増式暗視装置を使うことが多かった。ところが最近の新たなトレンドとして、NVGみたいな光増式暗視装置だけに頼らず、赤外線センサーと光増式暗視装置を組み合わせる製品が出てきた。ただし、センサーが2種類あるからといって、接眼部を別々に用意するのでは煩雑すぎて使い物にならない。

US Army

米陸軍の、ENVG III（Enhanced Night Vision Goggle III）とFWS-I（Family of Weapon Sight - Individual）の組み合わせ。ヘルメットに取り付けた暗視装置の映像を基に目標を捕捉して、そのデータを、ライフルに取り付けた照準器に無線で送る仕組み。

　よって、光増式暗視装置の映像と赤外線センサーの映像をそれぞれデジタル化して、コンピュータ処理によって合成する方法がとられる。実際に接眼部をのぞいたときに表示されるのは、その合成映像の方だ。こうなると、映像データのデジタル化とコンピュータ処理は不可欠の要素になる。

　メカとしてはNVGと似ているが、ヘルメットに取り付ける代わりに、小銃や機関銃に暗視装置を取り付ける事例もある。これは照準が目的である。

双眼タイプのENVG-BとFWS-Iで得た夜間のシーン

US Army

※7：FACとJTAC
前線航空統制官と統合端末攻撃統制官。いずれも地上軍に同行して、上空にいる味方戦闘機に対して攻撃目標を指示する役回りのこと。上空を高速で飛行する航空機から見ると、目標を正確に識別するのは難しいことがある。そこで地上に"目"を置くことで間違いを防ぐ。

携帯式レーザー目標指示器

　個人携帯する機器といえば、戦闘機などが搭載する目標指示ポッド（ターゲティング・ポッド）と同じ機能を、携帯式の機材にしたものがある。つまり、目標を捜索・照準するための電子光学センサーや赤外線センサー、目標までの距離を測るためのレーザー測遠機、ミサイルや爆弾を誘導するためのレーザー照射を行うレーザー目標指示器、これらをひとつの箱の中に押し込めたものだ。

　地上にいる歩兵、あるいは前線航空統制官（FAC[※7]：Forward Air Controller）や統合端末攻撃統制官（JTAC[※7]：Joint Terminal Attack Controller）が、これを使って目標を確認した上で、レーザー照射する。そして上空にいる戦闘機や爆撃機に無線で連絡して、レーザー誘導のミサイルや爆弾を投下してもらう。

爆撃目標をレーザー照準する海兵隊のJTAC

　さらにGPS（Global Positioning System）の受信機を内蔵すると、目標の緯度・経度を計算できる。その理屈は、先に述べた航空機搭載用ターゲティング・ポッドのときと同じだ。緯度と経度を計算できれば、GPS誘導の爆弾やミサイルや地対地ロケットや誘導砲弾を投下できる。座標は、上空の戦闘機や爆撃機、あるいは砲兵隊に送ればいい。口頭で伝達すると間違いの元だから、データ通信機能を持たせることができれば、なおよい。

艦艇用のEO/IRセンサー

　艦艇でも、周辺監視の手段としてEO/IRセンサーを搭載する事例

が増えている。そんな話が出てきたのは、冷戦崩壊後に「不正規戦」の掛け声が大きくなった頃からだろうか、

なぜ艦艇にEO/IRセンサーが？

正規軍同士の大規模戦闘であれば、対艦ミサイルや魚雷を撃ち合う場面が主体になると考えられる。すると主役になるセンサーは、対空・対水上捜索用のレーダーであり、水中捜索用のソナーである。

ところが不正規戦の時代になると、事情が違ってくる。2000年に自爆ボートに突入されて舷側に大穴を空けられた、米海軍のイージス駆逐艦「コール」が典型例だが、近距離での交戦が増えてくる。

ソマリア近海などで今も続いている、海賊対策の哨戒任務もそうだ。昼間だろうが夜間だろうが関係なく出没する相手に対して、接近して目視確認する必要がある。見た目は無害な民間のフネと似ているからだ。

ソマリアを航行する海賊船の一例（このあと逮捕された）。彼らが商船を襲おうとしているなど、見ただけでは思いも寄らない

ところが夜間だと可視光線は使えないし、探照灯で照らせば「闇夜に提灯」。こちらが捜索・監視していることを相手に知られたくはないから、そんな手は使えない。つまりパッシブ探知手段として赤外線センサーが要る。

そういった事情により、水上戦闘艦がEO/IRセンサーを搭載する事例が増えてきた。よくあるのは、旋回・俯仰が可能なEO/IRセンサー・ターレットを艦橋上部に搭載する形。

我が国にも導入事例がある。次ページの写真は「はやぶさ」型ミサイル艇だが、「あぶくま」型護衛艦も艦橋の上にセンサー・ターレッ

※8：ハリファックス級フリゲート
カナダ海軍の主力となっている水上戦闘艦。日本でいう汎用護衛艦と同じカテゴリーで、主として対潜・対艦戦闘と自艦防御のための兵装を備えている。外観の特徴は、厳しい海象に適合するための、高い乾舷と低い上部構造物。

トを載せている。諸外国の艦艇でも、似たような形でEO/IRセンサーのターレットを載せている艦がけっこうある。

海上自衛隊の「はやぶさ」型ミサイル艇が艦橋上部の屋根上に搭載する、OAX-2赤外線センサー・ターレット。使わないときは後ろ向きにしてセンサー窓を保護しており、使うときだけ前方に向ける。これは後方からの撮影だからセンサー窓が見える

　艦のサイズと比較すると、EO/IRセンサー・ターレットのサイズは小さいので、遠方からパッと見ても存在に気付かないことがままある。とりあえず写真を撮って帰宅して、それを後から子細に拡大して見ていたら「あっ」となるのは、よくある話。

　艦載用だからといって、何か特別な製品を必要とするかといえば、そんなことはない。ただ、潮風や海水を浴びることになるので、その辺の対策は必要になる。なお、艦艇ではレーザー誘導ミサイルを発射する場面は少ないので、レーザー目標指示器は必要ない場合がほとんど。あくまで、捜索と目標識別の手段である。

┃二つ目玉のSIRIUS

　といっても、例外も発生するのはよくある話。たとえば、カナダ海軍のハリファックス級フリゲート[※8]は、艦載型として開発された「二つ目玉」のEO/IRセンサーを載せている。

　同級はもともと、艦橋上部にEO/IRセンサー・ターレットを搭載していたが、近代化改修の際に赤外線センサー機器を追加した。それがマスト上部に追加された「SIRIUS」。横長の本体の両端に丸いセンサー窓がついていて、それが秒間1回転のペースでくるくる回りながら全周を捜索する。オランダのタレス・ネーデルランドが、DRSテクノロジーズ・カナダと組んで開発した。

　また、小艇による襲撃、とりわけ自爆テロみたいな事態に対処する目的で、近距離交戦用に機関銃や機関砲を搭載する艦が増えてい

Koji Inoue

カナダ海軍のフリゲート「オタワ」が装備している、SIRIUS赤外線センサー（丸で囲んだ部分）

る。

　海上自衛隊では艦橋の近隣などに銃架を追加設置して12.7mm機関銃と防盾を設置して、銃手が手作業で操作することが多い。ところが他国では、さらに徹底している場合がある。米海軍の巡洋艦や駆逐艦はたいてい、25mm機関砲を遠隔操作式の砲架に載せた、BAEシステムズ製のMk.38という製品を両舷の上甲板に設置している。横須賀で巡洋艦や駆逐艦の一般公開があったときに訪れたことがある方ならお分かりかと思うが、Mk.38には小さいながら、EO/IRセンサー・ターレットの「ボール」が付いている。

　そのMk.38に限らず他社製の遠隔操作式砲架でも、EO/IRセンサーを装備して、昼夜・天候を問わずに視界を得られるようにしている。艦内のコンソールに付いているディスプレイ装置にEO/IRセンサーからの映像を表示して、それを見ながら機関砲の向きを変えたり、発砲したりする。米海軍の巡洋艦や駆逐艦だと、艦橋の一角にMk.38用として2台のコンソールを並べている（左舷と右舷に1基ずつあるため）。

　これが巡洋艦や駆逐艦だけかと思ったら、空母「ロナルド・レー

ガン」にも付いていた。フネが大きすぎて、相対的に小さすぎるMk.38の存在は目立たない上に、入港取材の際にはカバーをかけてあったので、気付いた人は少ないかもしれない。でも、ちゃんと付いている。

米海軍のミサイル駆逐艦の上甲板に設置されたMk.38の射撃シーン。砲架の上にEO/IRセンサー・ターレットが付いている

US Navy

潜水艦の捜索と赤外線センサー

　海を舞台にして正規軍同士が渡り合う場面でも、赤外線センサーの出番が巡ってくることがある。潜水艦の捜索である。

　原子力潜水艦は、原子炉という名の巨大湯沸かし器で発生させた水蒸気を使ってタービンを回すことで、動力源としている。タービンを回した後の水蒸気は復水器で水に戻してから、原子炉につながっている蒸気発生器に戻す。だから、復水器で水蒸気を水に戻す際には、外部に熱が出ている。

　そのため、原潜がいる場所の海水温度は、ほんのわずかだが、周囲と比べると高くなっているはずだ。

　通常潜でもディーゼル・エンジンの冷却が必要になるし、排気ガスは大気中に放出せざるを得ない。だから、ディーゼル・エンジンで航行しているときに限られるものの、赤外線センサーで探知できる可能性はある。

　もっとも、潜水艦を設計する側もそんなことは百も承知だから、たとえば排気ガスを大気中に直接放出しないで、海中に放出することもある。すると水圧に打ち勝って排気ガスを出さなければならないので、その条件を満たせるエンジンが求められるのだが、その話は本題から外れるので措いておくとして。

　ともあれ、潜水艦も熱源になり得るので、潜水艦の捜索に赤外線

Masayuki Kikuchi

アデン湾を哨戒する海上自衛隊のP-3C哨戒機。機首の下に突き出ているのが、リトラクタブルのAN/AAS-36赤外線探知セット

センサーが使われる可能性があるわけだ。ただし、この手を使うのは哨戒機。水上艦が搭載する赤外線センサーで捉えられるようなところまで敵潜水艦が近寄っていたら、もう襲撃は切迫している。まずは自分の身を護ることを考えないとまずい。

従来型潜望鏡と非貫通式潜望鏡

では、対する潜水艦の側はどうか。実はこちらでも、EO/IRセンサーの活用事例がある。それが潜望鏡。装甲戦闘車両でも、窓を設ける代わりにペリスコープと呼ばれる機器を備えているが、ペリスコープとはそもそも潜望鏡のことだ。

従来型潜望鏡

潜水艦が出てくる映画を見ると、艦長が潜望鏡を使って海面上の状況を観測する場面は必ず出てくる。そこで、潜望鏡の動作を思い

出してみていただきたい。

艦長が「潜望鏡上げ！」と命令すると、下からスルスルと、接眼部を取り付けた筒が上がってくる。すると、艦長は接眼部の左右に付いたハンドルをぱちんと開いてから、接眼部に眼を当てて海面上の様子を窺う。潜望鏡は全周をカバーできるように、回転するようになっている。全体が一体となって回転する場合、接眼部もグルグル回転するから、それに合わせて艦長は身体を移動しないといけないだろう。そして「潜望鏡下げ！」と命令すると、元の位置に収まる。

コネティカット州のグロトンで記念艦として保存・公開されている、攻撃型原潜ノーティラスの発令所。潜望鏡のところにマネキンを用意してあった

● **潜望鏡深度の潜水艦**

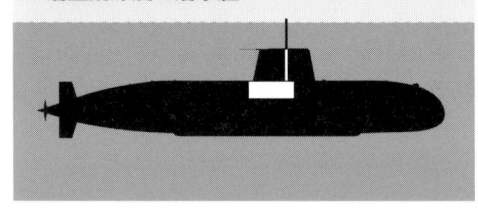

船体上面を海面下に維持し、潜望鏡の先端を少しだけ海上に突き出す。潜望鏡はレーダーを反射しやすく、必要以上に高く突き出したり、あまり長い間外を眺めるのは危険な行為だ

潜望鏡の基本的な構造は、伸縮・昇降が可能な金属製の筒である。その中に光学系が収まっていて、海面上に突き出した先端部のレンズから映像を得て、鏡筒内に納めたプリズムで向きを変えたり、レンズを介したりして、映像が接眼部に届く。

そして、「潜望鏡上げ！」の指示が出たら、その鏡筒がまるごと上がってきて、海面上に先端を突き出す。しかし、潜水艦が海面に姿を現したのでは何のための潜水艦か分からないから、潜水艦そのものは海面下だ。いわゆる潜望鏡深度まで浮上して、潜望鏡だけを海面上に突き出す。

ということは、潜望鏡の光学系には相応の長さが求められる。仮に、潜望鏡深度まで浮上したときに潜水艦の船体上面が海面から

10m下に位置するものとする。すると、潜望鏡の鏡筒は少なくとも11mぐらいないと、海面上に届かない。

しかし、そんな長い鏡筒をまるごと収容できる船殻を用意しようとすると、直径が大きくなりすぎる。かといって、鏡筒部を望遠鏡みたいに伸縮可能にすると、伸縮する部分の防水対策が面倒なことになる。ただでさえ、鏡筒部が船殻を貫通する部分の防水という厄介な課題があるのに。

だから、潜望鏡の鏡筒部は船殻から突出している。それを覆うとともに、レーダーや通信用などのアンテナを収容したり、浮上航走時の見張り台（潜水艦では、この場所のことを艦橋と呼ぶ）を設けたりする目的で、セイルと呼ばれる上部構造物を設けている。

潜望鏡だけでなく、アンテナなどを設ける必要もあるので、セイルをなくすのは現実的ではない。しかし、潜望鏡が船殻を貫通する部分の防水は面倒だから、これはどうにかしたい。

また、従来型潜望鏡を使用すると、艦の指揮中枢となる発令所（米海軍では攻撃センターという）は必然的にセイルの真下、最上層に位置する必要がある。潜望鏡がセイルの中を通っているのだからセ

Koji Inoue

潜水艦「ノーティラス」のセイル。展示品の記念艦だから、中身をみんな突き出した状態にしてある。右端の2本が潜望鏡だ

※9：ヴァージニア級潜水艦
米海軍が建造と配備を進めている最新型の攻撃型原子力潜水艦。シーウルフ級よりもコスト低減に留意する一方で、軍民の最新技術を積極的に活用しているのが特徴。逐次改良が図られており、最新型ではトマホーク巡航ミサイルの大量搭載を図る。

イルの真下になるのは分かるが、なぜ最上層なのか。

　潜望鏡の全長とはすなわち、海面に突き出す部分の先端から、下端にある接眼部までの長さである。発令所を設ける甲板の層が低くなると、その分だけ潜望鏡を海面に突き出せる量が減ってしまう。それを避けようとすると、今度は潜望鏡の鏡筒が長くなりすぎる。

非貫通式潜望鏡

　デジタル・イメージング技術の進歩によって、この課題を解決できることになった。それが非貫通式潜望鏡だ。

　非貫通式潜望鏡というと物々しいが、要するにデジカメである。セイルに昇降式のマストを収容しておいて、「潜望鏡上げ！」の指令が出たら、それを海面上に突き出す。センサー・マストの中には、可視光線用のセンサーと赤外線センサーが入っている。

　それらのセンサーが得た映像は、電線で艦内のディスプレイ装置に伝達する。使い慣れた、従来型潜望鏡の接眼部と同じ形態にしている製品もある。

■1ドイツの防衛電子機器メーカー・ヘンゾルトが売り出している、潜水艦用の光学センサー・マスト「OMS200」。■2同じヘンゾルトの、非貫通式潜望鏡で使用する接眼部。同社では、既存艦の従来型潜望鏡を非貫通式に換装するソリューションも提案している

　これなら潜望鏡が船殻を貫通することはなく、細い電線が通るスペースだけあればよい。どっちみち、レーダーや通信などのアンテナもあるのだから、それらが使用する電線と合わせて船殻内部に引き込むことになる。すると、船殻の水密対策が容易になると期待できる。

　また、ディスプレイ装置は艦内のどこにあっても良い。だから発令所を設置する場所の自由度が増す。実際、非貫通式潜望鏡を導入した米海軍の攻撃型原潜ヴァージニア級[※9]では、発令所は最上層ではなく2層目に降ろされた。また、発令所とは限らず、艦内のどこにいても潜望鏡の映像を見られる理屈となる。海上自衛隊の「たいげい」型

潜水艦[10]も潜望鏡を全面的に非貫通化したが、やはり映像は艦内のあちこちで見られる。

非貫通式潜望鏡のメリット

　潜水艦の船殻は水圧に耐えやすいように円筒形になっているから、最上層より2層目の方が幅が広い。だから非貫通式潜望鏡を採用したヴァージニア級の発令所（攻撃センサー）は、その前のロサンゼルス級[11]と比べると広々していると思われる（それと比べると、ノーティラス[12]の発令所の狭苦しいことといったら）。

US Navy

2004年から就役を開始したアメリカ海軍のヴァージニア級原子力潜水艦。非貫通式潜望鏡は備えていない

　そして、映像が電気信号の形で送られてくるから、「潜望鏡を上げている間に急いですべて観測しなければならない」とはならない。潜望鏡を上げてグルッと一周させて、映像を録画しておく。それが済んだら潜望鏡は降ろしてしまい、録画した映像を後からゆっくり見ればいい。すると見落としの可能性が減るし、複数名でじっくり検討することもできる。その代わり、「外の様子を見られるのは艦長だけ」という特権（?）はなくなってしまうが。

　もちろん、潜望鏡深度という概念は同じだから、非貫通式潜望鏡で使用する光学センサー・マストは、そこから海面に先端部を突き出せる程度の長さを必要とする。そして船殻を貫通しない以上、センサー・マストはセイルの中に収まってくれないと困る。だからといってセイルをむやみに大きくすると抵抗が増えるから、センサー・マストは伸縮式になっていると思われる。

　海上自衛隊の「そうりゅう」型[13]や「たいげい」型など、最近の新造潜水艦は非貫通式潜望鏡を装備するものが増えつつある。前述し

※10：たいげい型潜水艦
海上自衛隊が建造を進めている最新型の潜水艦。当初から、従来の鉛蓄電池に代えてリチウムイオン蓄電池を利用することを想定した設計になっている。利用可能な電力量の増大に加えて、充電に付随する制約が緩和され、運用の柔軟性が向上した。また、艦制御や戦闘システムを大幅にソフトウェア制御化しており、ソフトウェアの更新による機能の追加や能力向上が可能。

※11：ロサンゼルス級潜水艦
米海軍が62隻を建造した攻撃型原子力潜水艦。速度性能を追求しつつ、静粛性のレベルも向上。さらに段階的な改良によってソナーや指揮管制システムの性能向上、トマホーク巡航ミサイルの搭載能力強化などを果たした。

※12：潜水艦ノーティラス
世界で初めて建造された原子力潜水艦。外気不要で長時間の潜航が可能な原潜の威力を実証するべく、北極海の潜没横断航海を行ったことで有名。現在は、コネティカット州グロトンで記念艦として展示されている。

※13：そうりゅう型潜水艦
海上自衛隊が、「たいげい」型の前に建造した潜水艦。大気非依存型推進機（AIP）として、スターリング機関で駆動する発電機を載せており、低速ながら長時間の潜航が可能。パワーが欲しい場面に備えて、充電した鉛蓄電池の電力を控置しておける。なお、最後の11番艦だけは鉛蓄電池とAIPをやめて、リチウムイオン蓄電池に代えている。

たようなメリットがあるのだから、採用しない理由は乏しい。ただし海自の場合、発令所の位置は従前通りに最上層である。

　なお、非貫通式潜望鏡を装備した艦でも、従来型の潜望鏡を残していることが多い。「念のために」という考えが根強いのだろう。軍人というのは自分の命がかかっているだけに保守的なところがあって、新しいものが出たときに、それまで使っていたものをあっさり投げ捨てることはしないものだ。海上自衛隊の場合、「そうりゅう」型では非貫通式と貫通式をひとつずつ設置していたが、次の「たいげい」型から非貫通式だけになった。

偵察の手段もデジタル化

　偵察用の資産というと歴史があるのは偵察機だが、偵察衛星も多用されている。衛星には、仮想敵国の領空を侵犯しなくても仮想敵国を対象とする覗き見ができる利点がある。

偵察衛星のカメラをデジタル化する利点

　まずは、何かと誤解がついて回りがちな偵察衛星から。

　偵察衛星に関する誤解とは何か。それは「見たいときに見たいところを見られる」という誤解。偵察衛星は低軌道の周回衛星で、一定の軌道を一定の周期で周回している。だから、地上・海上の特定の

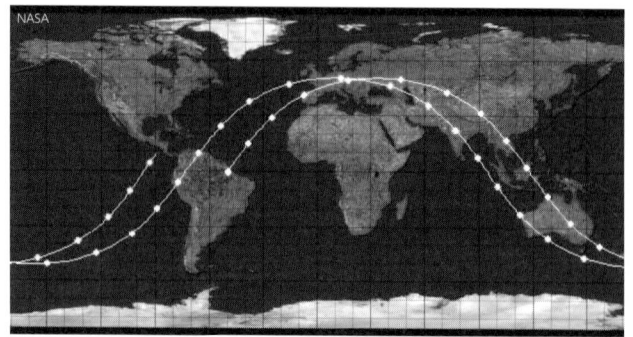

国際宇宙ステーションの軌道を地球上の地図上に示すとこうなる。90分で地球を1周するが、通過する場所は徐々に西へとずれていく。同じ場所の上空を通過するのは何日後か？　果たしてそれは昼か夜か？　軍事偵察衛星にも同じことが言える

地点を定期的に定点観測するには具合が良いが、臨機応変に「ちょっとあそこを見てこい」という使い方をするにはまったく向かない。

偵察衛星が備えるセンサーは、主として「銀塩カメラ」「デジタルカメラ」「赤外線センサー」「合成開口レーダー（SAR：Synthetic Aperture Radar）」となる。

映像の品質が優れるのは、銀塩カメラやデジタルカメラによる可視光線映像だが、夜間、あるいは雲に覆われている場所は見えない。赤外線センサーなら昼夜を問わずに使えるが、映像の品質が可視光線より落ちるのは航空偵察と同様。SARは昼夜・天候に関係なく使用できるが、映像の品質では見劣りする。これも航空偵察と同様。

銀塩カメラの時代にはフィルムをカプセルに入れて投下、それを回収して現像するというプロセスを経ないと映像を得られなかった。しかしデジタル化すれば、映像のリアルタイム伝送が可能である。

Koji Inoue

衛星からデータを受け取るための地上局アンテナドーム。偵察衛星のデータがデジタル化されていれば、地上局を用意してダウンリンクできる

ただし。いつ、どの衛星がどこを通過するかは相手国にもバレているから、それに合わせて隠蔽策を講じられる可能性は考えておかないといけない。また、基地局から見通せる場所を衛星が通過するとは限らないから、場合によってはデータ中継用の衛星が必要になるかも知れない。基地局ばかりは安全な自国領内に置かなければならないからだ。

衛星からのデータ受信を中継するシステムとしては、エアバス・ディフェンス＆スペースが手掛けている、スペースデータハイウェイことEDRS（European Data Relay System）がある。レーザー通信を用いて、1.8Gbps（毎秒1.8ギガビット）の伝送能力を実現しているという。減衰などの影響が出やすい大気圏内と比べると、宇宙空間の方がレーザー通信に向いている。

※14：フォース・リーコン
米海兵隊のエリート集団。「リーコン」は偵察のことだが、敵地に浸透して隠密裏に偵察を行うため、高い戦闘能力が求められている。日本語では「武装偵察部隊」と訳される。

陸上では無人偵察機の利用が急増

　陸上の偵察といっても、さまざまなシチュエーションが想定されるので、ひとまとめに話をするのは難しい。広い砂漠の中で敵を探し求める場面があるかと思えば、市街戦で建物や地下トンネルの中をのぞき見したいという場面もある。

　そしてこの分野はとりわけ、「情報が欲しければ、人間が自分の目玉で見てこないと」という信念が根強い分野だ。だからこそ、各国の特殊作戦部隊、あるいは米海兵隊のフォース・リーコン※14みたいに、隠密裏に敵地に入り込んで情報を盗ってくるエリート集団の存在意義がある。とはいえ、そうしたエリートを育成するには時間も費用もかかるし、生身の人間を送り込むにはリスクが大きい場面もある。ということで、「軍事とIT」の領域に属するツールもいろいろ使われている。

　その一例がUAV。特に最前線では、手で投げて発進させるような小型のUAVが多用される。小型だから携行が容易で、電動式だから騒音が小さい。しかもリアルタイムの映像を送ってくれる。塀の向こう側、あるいは建物の中なんかを偵察するには具合がいい。

USAF

手で投げて発進させる電動式の偵察用無人機RQ-11レイヴン

　これを実現するには、小型で効率の良いバッテリ、所要の品質を備えた映像を撮れる小型のセンサー、そして動画を実況中継できる伝送能力を備えた無線通信が不可欠。後は、機体の管制と映像の表示を行うためのラップトップと、そこで使用するソフトウェア。

　陸上ならではの偵察手段としては、投げ込み式偵察ロボットがある。塀の向こうや窓の中に手で投げて放り込むと、自走して移動したり向きや姿勢を変えたりする。移動力を持たせつつ、投げ込んでも壊

れないように作ろうとすると、「回転しない本体部分の左右に車輪を付けた形」に収斂するようだ。カメラ、バッテリ、無線機、走行用のモーターを、その本体部分に組み込む。

Koji Inoue

技術研究本部（当時）の2010年「防衛技術シンポジウム」で展示されていた、投げ込み式偵察ロボット。中央部にカメラ窓が見える

※15：将来戦闘システム
米陸軍が冷戦崩壊後に構想した、装甲戦闘車両や各種無人ヴィークル、無人センサーなどをネットワークで結んで構成する壮大な戦闘システム。装甲戦闘車両については小型軽量化して、迅速な空輸展開を可能とする考えだった。しかし大風呂敷を広げすぎて大コケした。

　変わったところでは、砲弾に下向きのカメラを組み込んだ例もあったと記憶している。確か、これをやったのはイスラエルで、偵察したい場所の上空を通過するように発射する。一瞬しか映像を撮れないが、敵に見つかって壊されるリスクは小さい。

　ただ、発射したときの加速度や衝撃に耐えられるような電子機器、そして一瞬の通過で確実に画を撮れるカメラを用意しないといけないので、意外と技術的なハードルは高そうだ。そこまでするぐらいなら、UAVで連続的に偵察する方が戦術的に有利ということなのか、この手の製品はあまり広まっていない。

固定式の無人センサー

　投げ込み式偵察ロボットは、曲がりなりにも自走できる機能を備えている。しかしそれとは別に、移動しない偵察用無人センサー（UGS：Unmanned Ground Sensor）もある。

　移動力がないから、敵を追い求めるとか、目下交戦中の敵を捜索するとかいう用途には向かない。主な用途は、国境監視や施設周縁監視のような「静的な待ちの監視」と考えられる。他の分野と比較すると、UGSは大々的に配備が進んでいるという話をあまり聞かないが、こうした用途がハマる分野であれば有用性はある。

　かつて、米陸軍が将来戦闘システム[15]（FCS：Future Combat System）という大風呂敷を広げたときに、その一環としてUGSの構

想もあった。地上に露出している敵の動向を監視するTUGS (Tactical Unmanned Ground Sensor)と、建物の内部にいる敵の動向を監視するUUGS (Urban Unmanned Ground Sensor) の二本立て。試作して納入するところまで話は進んだのだが、FCS計画が大コケして、これらのUGSもお蔵入りになってしまった。

なお、陸上に固定設置するセンサーは、まずいことになったら遠隔操作で、あるいは自律的に無力化できるような仕掛けが必要ではないだろうか。敵兵などがやってきて、センサーに細工をしたり、壊したりする可能性が考えられるからだ。なにせ固定設置の無人センサーでは、敵兵が寄ってきたからといって走って逃げるわけにも行かない。そして、そうされないように生身の人間を見張りに付けるのでは、何のための無人センサーだか分からなくなってしまう。

UGSの監視相手は人間や車両だから、可視光線用のカメラと赤外線センサーが主役になる。ただ、車両と比べると人間の探知は難しい。そこで「動きを検知する」仕掛けが必要になる。赤外線センサーが何かを検知して、その探知目標がゆっくり移動していたら「怪しい」と判断するわけだ。これはセンサーがデジタル化されていれば、データ処理を受け持つソフトウェアによって実現できる。

そこで難しいのは、ターゲットを見逃さないことと、一方で誤警報 (false alarm)を抑え込むこと。感度さえ上げればよいというモノではなく、狼少年にならないようにソフトウェアで工夫しなければならない。

Takeo Hanai

第3部
水中戦とソナー

次は、水中戦（underwater warfare）に話を移す。
真っ先に想起されるのは潜水艦戦、
あるいは対潜戦（ASW：Anti Submarine Warfare）だが、
機雷戦や対機雷戦（MCM：Mine Countermeasures）も水中戦に含まれる。

水中戦とソナー

　水中戦というと一般には馴染みの薄い言葉なので、SFちっくな話を思い浮かべてしまう人が少なくなさそうだが、実際には、もっと地に足のついた話である。水中だが。

┃水中戦とはなんぞや

　潜水艦は海中に潜った状態でいるものと思わなければならない。だから、その潜航中の潜水艦を見つけ出して狩り立てるのは、必然的に水中戦の領分になる。機雷にしても、当節では浮遊機雷は主役ではなく、海中に仕掛けられた係維機雷、あるいは海底に仕掛けられた沈低機雷が主役だから、これまた水中戦の領分になる。

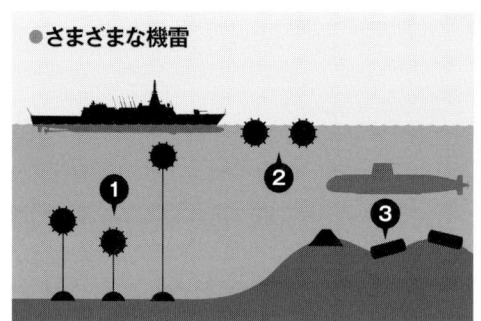

●さまざまな機雷

❶は係維機雷。磁気の変化で爆発する磁気機雷や触れると爆発する触発機雷がある。❷は浮遊機雷。❸は沈底機雷。音に反応する音響機雷、磁気変化で爆発する磁気機雷、水圧も感じ取る複合型などがある。台形のものは、後出のステルス型

　では、海上・陸上・空中とは異なる水中戦の特徴とは何か。それは、探知や目標捕捉の手段として、目視にも電波兵器にも頼れないところ。

　よほど水深が浅くて海が澄んでいる場合は別だが、海中にいる物体を海面上から目視で見つけ出すのは、実質的に不可能である。そして、極めて波長が長い超長波(VLF：Very Long Frequency, 波長は10~100km)や極超長波(ELF：Extremely Low Frequency, 波長は100km以上)でもなければ、電波は海中に透過しない。それではレーダーによる探知も成り立たない。

　VLFやELFは、陸上から潜水艦に対して一方通行の通信文を送る場面で使われているが、なにしろ伝送速度が遅い(伝送できる情

報量が著しく小さい）ので、これだけで長大な本文を送るのは難しい。事前に取り決めておいた符丁を送るとか、潜望鏡深度まで浮上するよう指示するとかいった用途に限定される。後者の場合、送る文面をフネごとに使い分ければ、特定のフネにだけ指令を出せる理屈となる。

Koji Inoue

海中にいる潜水艦は、目視でも電波兵器でも探知できない。これらが通用するのは、海面上に姿を見せたときに限られる

音響が頼り

そんなこんなの事情により、海中で利用できる探知・目標捕捉・通信の手段は、基本的に音響ということになる。使う道具立てに違いはあるが、周波数が高い方が分解能や伝送能力に優れる一方で、減衰しやすいために長距離探知には向かない。そんなところは、電波兵器や無線通信と似ている。

その、音響による探知を行う機材が、いわゆるソナーである。実はSONAR（SOund NAvigation Ranging）という頭文字略語で、そのルーツになる機材は第二次世界大戦中から使われていた。それがASDIC（Allied Submarine Detection Investigation Committee）で、今風にいえばアクティブ・ソナーである。もともとは名称に"Committee"とある通り、潜水艦狩りを扱う委員会の名前だった。

ASDICは海中に音波を発信して、反射波が返ってくるのを待つ。もしも海中に潜水艦がいれば、反射波が返ってくる。海中での音波の伝搬速度が分かっていれば、発信から受信までの所要時間で距離が分かるし、どちら向きに発信と受信を行ったかで方位も分かる。

もうひとつ、聞き耳を立てるだけの機器もあり、それが水中聴音機。今風にいえばパッシブ・ソナーである。要するに高感度の水中マイ

※1：アレイ
array、すなわち「配列」のこと。同じ種類のものを一列に、あるいは縦横に並べたものをアレイと呼ぶ。ソナーのアレイもレーダーのアレイもある。

※2：位相差
音、あるいは電波や光といった電磁波は、いずれも波の形をとって伝搬する。その波を開始するタイミングのことを位相、タイミングのズレを位相差という。

クで、ソナー員が音を聴いて、相手が何者なのかを判断したり、スクリューの回転数を推定したりする（このデータは速度の高低を知る材料になる）。

●アクティブ・ソナーでの探知とパッシブ・ソナーでの探知

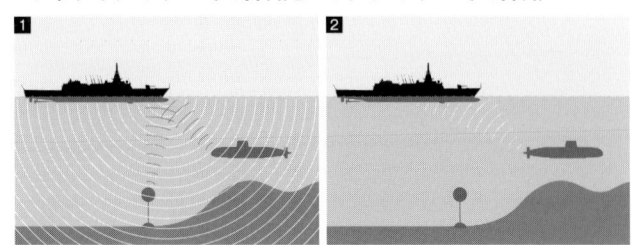

1は自ら発した音のエコーを拾うアクティブ・ソナー。**2**はスクリュー音などを聴知するパッシブ・ソナー。パッシブ・ソナーでは、音を発さない機雷は見つけられない

　複数の聴音機を並べてアレイ※1化して、同じ音源に対して個々の聴音機ごとの位相差※2を調べれば、方位も把握できる。縦横の二次元に聴音機を並べたアレイがあれば、水平方向の角度と垂直方向の角度の両方を計算できる。

　機雷は潜水艦と違って動かないし、音もたてない。だから、海中や海底に仕掛けられた機雷を探すには、こちらから音波を放って捜索するしかない。

人の手による処理からデジタル処理へ

　昔のソナーはそれこそ「ソナー員の職人芸頼み」だったから、敵潜を探知できるかどうか、探知した敵潜を取り逃がさずに済むかどうかは、ソナー員の腕前に依存する部分が大きかった。

　特にパッシブ・ソナーの場合、どのフネがどんな音を出すのか、というデータを頭の中に多く持っているソナー員の方が有利なのは容易に想像がつく。しかも、海中で聴知できる音といっても、フネのエンジンやスクリューが出す音だけではない。寒冷地に行けば氷山同士がぶつかって音を出すし、動物が立てる音もある。そういう音源も聴き分けられないと仕事にならない。

　ところが、そのデータの蓄積には実物の音を聴くのがベストだから、場数を踏まないと人が育たない。最終的に、生の音を聴いて判断しなければならない場面が出てくるのは致し方ない。しかし、フネ

の機関が発する音を聞き分ける場面だけでも、何か援用できる技術はありませんか、という話になるのは無理もない。

そこで、聴知した音をデジタル化した上で、高速フーリエ変換（FFT：Fast Fourier Transform）で処理して、周波数分布を調べる手法が考え出された。つまり、聴知した音を周波数帯ごとに分けて、どの周波数帯の音が出ているか、どの周波数帯の音が大きいか、といったことを調べる。

音源によって周波数分布の特性に違いがあれば、高速フーリエ変換の結果は音源を識別する際の助けになる。たとえば、同じ原潜の機関でも、クラス… というか、正確には搭載する原子力機関の機種によって、周波数分布の内容に違いがある。だから、そのデータを聴知・解析して溜め込んでおけばよい。

いま聴知している音を高速フーリエ変換にかけて得た周波数分布のデータを、蓄積してある既知のデータと比較して、「このクラスの原潜ではないか？」と推定する一助とするわけだ。

そういう処理になると、聴知した音響データをそのまま使うのではなく、いったんデジタル化した方が扱いやすい。だから、いまどきの対潜戦ではデジタル音響処理技術がおおいに重要になる。

●フーリエ変換でわかる周波数分布

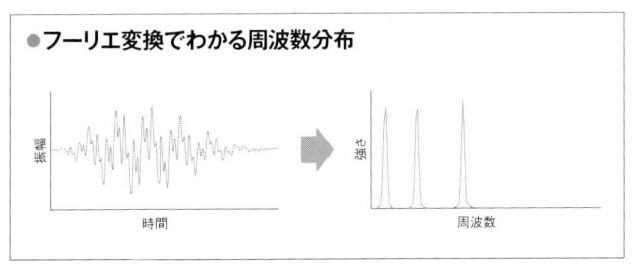

音響データを周波数ごとに分け、それぞれどの程度の強さがあるかを示すのが「フーリエ変換」の手法。このとき時間軸は消える。もとの音響データをデジタル化し、変換速度を上げたものを「高速フーリエ変換」と呼ぶ

音響データをコンピュータで処理するには

後で出てくる水測予察は「音波がどう伝搬するか」という話だが、音波そのものも、コンピュータで処理するようになった。

パッシブ・ソナーの基本は生の音を聞いて内容を判断することだが、バックグラウンド・ノイズが多いと、肝心の探知目標の音を聴き

※3：量子化と符号化
連続的に変化するアナログ信号などの情報を、時間で区切って細切れにした上で（これを標本化またはサンプリングという）、個別に信号量に応じた整数値に変換する操作が量子化。時間を細切れにするほどに、元の信号を忠実に再現できる。次に、その整数値をデジタル・データ、すなわち0と1で表現できる値に置き換えるのが符号化。デジタル値の桁数（量子化ビット数）を増やすほどに、元の信号を忠実に再現できる。

取りにくくなる。そこでコンピュータを援用して、余計なノイズを消したり、音の特性を解析したりする。

それをデジタル化するとはどういう意味か。これは、入ってきた音響の波形を細かい時間ごとに区切って、レベルに応じた数値を割り当てる処理である。業界用語でいうところの、量子化と符号化[3]だ。

区切る時間を短くすると、それだけ細かく波形の変化を追うことができる。これを「量子化の際の周波数が高い」という。個々の時間ごとの強弱をデジタル・データにする際の桁数が多ければ、これも細かく波形の変化を追えることになる。極端な話、ビット数が1桁なら「1」と「0」しか割り当てられないから、音が出ているか出ていないかのいずれかになってしまう。しかし、ビット数を4桁に増やせば、0000〜1111まで、16段階（2の4乗）の変化を割り当てられる。8桁なら2の8乗すなわち256段階の変化を割り当てられる。

ただし、変化を細かくとろうとすると当然ながら、データ量も増えるから、どこで落としどころとするかの判断が求められる。

ともあれ、「1」と「0」の並びで構成するデジタル・データに変換すれば、コンピュータによる処理が可能になる。すると、ソフトウェアで分析や比較などの処理を行えるから、人間の耳と頭脳だけでは行えない、あるいは熟練を要する機能を実現できると期待できる。

ただし、ソフトウェアの開発には相応の手間がかかるし、ベースとなるノウハウやデータの蓄積が必要となるのはいうまでもない。コンピュータは、ソフトウェアによって指示された通りの仕事しかできない。

ソナーの種類と構造

水中戦では音響を用いる探知手段が不可欠という話であり、その主役はもちろんソナーである。そこで、ソナーそのものの話に踏み込んでみる。

ソナーにはアクティブとパッシブがある

"SOund NAvigation Ranging" を逐語訳すると、「音響による測

位・測距」というぐらいの意味になる。

　ときどきソナーのことを超音波探知機と書く事例があるらしいが、実は、超音波を使用する例は限られている。ソナーの用途のうち、もっともポピュラーと思われる潜水艦の探知では、もっと低い可聴周波数範囲内（20Hz~20kHz）の音波を使うことが多い。電磁波に可視光線があるのと同様に、音波でも、人間の耳で聞き取れる音域と、そうでない音域がある。

　可聴周波数より高い周波数の音波を使うのは主として、高い分解能が求められる機雷探知ソナーである。逆に、外洋で遠距離探知を行うのであれば低周波ソナーの方が向いている。

　先にも触れたように、ソナーには機能的な分類として、「アクティブ・ソナー」「パッシブ・ソナー」の2種類がある。電波兵器におけるレーダーに相当するのがアクティブ・ソナーで、ESMに相当するのがパッシブ・ソナーだ。前者は距離と方位の両方が分かるが、後者は方位しか分からないところも共通している。

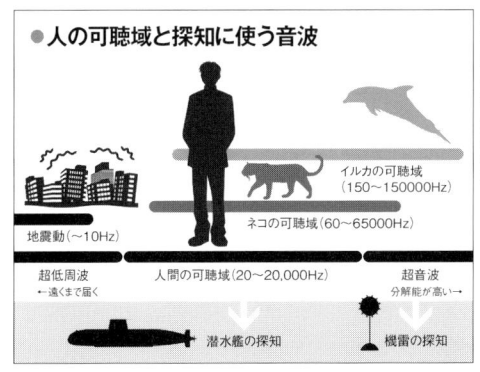

人の可聴域は20～2万ヘルツ。イヌ、ネコ、ガ、コウモリ、イルカなどはもっと高い周波数の超音波を感じる能力がある。地震では人の可聴域を下回る超低周波の音波が発生する

パッシブ・ソナーの情報をどう見せるか

　アクティブ・ソナーの動作はレーダーと似ているから、レーダーと同じような表示で用が足りるかも知れない。それと比べると、パッシブ・ソナーの方が複雑だ。そこで登場するのが、題して「ウォーターフォール・ディスプレイ」。

　パッシブ・ソナーで得られる情報は、音源の方位と、音そのものだけである。重要なのは、聞こえる音の内容、あるいは周波数ごとのレ

ベルの違い。音源としてはエンジンそのものが発する騒音やスクリューが発する音が挙げられるが、エンジンの種類や運転状況、スクリューの回転数によって、聞こえる音が違ってくる。

そこでウォーターフォール・ディスプレイでは、縦方向の表示と横方向の表示を組み合わせている。横方向は方位に対応しており、画面いっぱいで360度全周をカバーする。

縦方向は、時間が経過するにつれて、上から下に向けて表示がゆっくりスクロールする。音源を聴知すると、明るい輝線が現れる。聴知した音源の方位が変わると、上から下にスクロールする過程で、音源に対応する輝線の位置が左右方向に移動していくことになる。

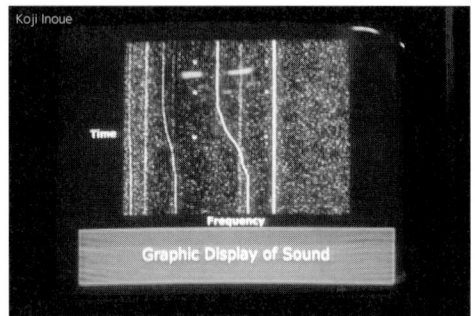

ソナーのディスプレイ表示例。横軸に周波数、縦軸に時間をとったもの。撮影者が下手だったので、写りが良くないところは勘弁していただきたい

ウォーターフォール・ディスプレイ以外の表示方法として、横軸に周波数、縦軸に時間をとるものがある。たとえば横軸が左から右に向かって数字が増える（周波数が上がる）設定になっていれば、周波数が高い音源を聴知したときほど、輝線が画面の右寄りに現れることになる。

時間の経過に従って音源の周波数が変化した場合、画面が上から下に向かってスクロールする過程で、輝線の位置が左右方向に移動するはずだ。そうやって構成されるトーン・ラインは音源となる艦によって違いがあるから（いわゆる音紋）、敵艦の種類を識別する際の判断材料になる。

もちろん、生の音を聴くことで得られる情報もある。スクリューが回転して「シャッシャッシャッ」と水切り音がすれば、スクリューの羽根の数や回転数を知る手がかりになる。ただし最近の水上戦闘艦では可変ピッチ・プロペラを使っているものがけっこうあり、これは同じ回転数のままでも、羽根の角度を変えると速度が変わる。また、前進・

後進の切り替えも羽根の角度の変更だけでできてしまう。だから、別の手がかりが必要になるらしい。

■ソナーの設置形態いろいろ

　ソナーには、設置する場所による分類もある。主なものは以下の通りである。

●**バウソナー**：水上艦の艦首直下にソナー・ドームと称する張り出しを設けて、その中に円筒形のソナーを設置する。大型のアクティブ・ソナーを設置する際のポピュラーな方法。

US Navy

米海軍の駆逐艦「ステザム」（DDG 63）が、浮ドックに入渠した状態。艦首直下に設けられたバウソナーのドームが明瞭に分かる

●**ハルソナー**：水上艦の船体下面、艦首よりだいぶ下がったあたりにソナー・ドームと称する張り出しを設けて、その中に円筒形のソナーを設置する。小型のアクティブ・ソナーを設置する際のポピュラーな方法。用途によっては、旋回できるようにした平面アレイ・ソナーを設置することもある。

●**側面ソナー**：船体の側面にソナーを貼り付ける方法で、パッシブ・ソナーを設置する方法のひとつ。側面にひとつ、あるいは複数の四角い出っ張りを作る。潜水艦ではフランク・アレイと呼ぶことが多いが、この場合のフランクは frank ではなく flank、つまり脇腹のこと。水上艦では導入事例は少ないが、海上自衛隊の「ひゅうが」型護衛艦[※4]はバウソナーのドームを後方まで円筒形に伸ばして、その側面に側面ソナーを配置している。

●**曳航ソナー**：パッシブ・ソナーを構成するハイドロフォン[※5]を縦にズラッと並べて、それをケーブルで曳航するもの。使用するときだけ繰り出す仕組みで、使用しないときは巻き取って艦内に収容する。わ

※4：「ひゅうが」型護衛艦
海上自衛隊が初めて建造した「空母型」ヘリコプター護衛艦。ただし、ヘリコプターやティルトローター機の運用は可能だが、固定翼の戦闘機を運用する計画はない。

※5：ハイドロフォン
いわゆる水中マイクのことだが、ソナーの業界でハイドロフォンという。水の波動という形で伝わる音波が振動板を動かし、それを電気信号に変換して出力する。

ざわざケーブルで後方に曳航するのは、自艦のエンジンなどが発する騒音を拾わないようにするため。水上艦でも潜水艦でも使用例がある。なお、「曳航ソナー ＝ パッシブ・ソナー」が従来の通り相場だったが、最近、アクティブ・モードも備える曳航ソナーが出てきた。ロッキード・マーティン社製のAN/SQR-20 MFTA (Multi Function Towed Array)や、タレス社製のCAPTAS(Combined Active and Passive Towed Array Sonar) が該当する。

曳航ソナーの使用イメージ。ハイドロフォンを数珠つなぎにしたパッシブ・ソナーを先端に付けたケーブルを曳航する

● **可変深度ソナー**：アクティブ・ソナーを流線型のカバーで覆った「フィッシュ」と呼ばれる航走体に納めて、艦尾から海中に降ろすもの。曳航ソナーと違うのは、長いアレイを構成していないところ。水上艦がアクティブ・ソナーを設置する方法のひとつで、バウソナーやハルソナーと違って、好みの深度まで（といっても限りはあるが）降ろせる利点がある。略称はVDS (Variable Depth Sonar)。

● **吊下ソナー**：アクティブ・ソナーをケーブルで吊って海中に降ろすもの。VDSや曳航ソナーと違うのは、停止して使用すること。ヘリコプターが潜水艦を探知する際に使用するほか、掃海艇が使用する機雷探知ソナーも、このタイプに属する。掃海艇の場合、船体中央付近から下に降ろすことが多いようだ。

設置方法については、ソナーの種類によって使い分けがあるので、すべての順列組み合わせが埋まるわけではない。ともあれ、これらの設置方法とアクティブ／パッシブの別の組み合わせにより、さまざまなソナーができることになる。

さらに、外洋での遠距離探知性能を重視すれば低周波ソナー、浅海面での近距離探知性能を重視すれば中周波ソナー、機雷探知用なら分解能が最優先なので高周波ソナー、といった周波数の使い分けも加わる。外洋で潜水艦を探し求める艦と、沿岸の浅海面で潜水

艦を探し求める艦では、求められるソナーの能力に違いが生じることもあるわけだ。

┃探知目標の方位を知る仕組み

レーダーは、反射波を受信したときのアンテナの向きによって探知目標の方位を知る。ではソナーは？

前述したASDICは、音波を出す送信機と、反射して戻ってきた音波を聴き取るためのハイドロフォンを組み合わせて旋回式の送受信機を構成、これを船体下面のドーム内に納めた。旋回式だから、オペレーターが指示した方を向いて、オペレーターの指示を受けて音波を出す。

したがって、ASDICによる探信は「方位の指示→探信→反射波が戻ってこないかどうか聞き耳を立てる→方位を変える」という操作の繰り返しになる。もしも反射波が戻ってきたら、そのときに送受信機が向いている方向に潜水艦がいることになる。

この方法なら送受信機はひとつで済むが、全周を走査しようとすると時間がかかる難点がある。できれば全周を一度に走査できる方がありがたい。

レーダーでも、一般的なのはアンテナを旋回させるタイプだが、これだと全周を捜索するには時間がかかるし、探知・追尾が間欠的になる問題もある。電波か音波かという違いはあるが、海中でも事情は同じなのだ。

そこで登場したのが、トランスデューサー・アレイ。送受信機（トランスデューサー）をズラッと並べる。ただし海中にいる潜水艦を探知するには方位と深度の両方を知る必要があるので、三次元の探知能力が求められる。

そこでトランスデューサーを上下方向・水平方向に複数並べて、トランスデューサー・アレイを構成する。水平方向に一列に並べるだけでは、方位は分かっても深度（正確には上下方向の角度）が分からないので、水平方向・上下方向の両方に並べる必要がある。次ページに挙げたAN/SQS-26ソナーの写真で、その様子が分かる。米海軍や海上自衛隊で使っているAN/SQS-53バウソナーの場合、

NUWC-NPT Technical Document 12,289 "Properties of Transducers:Underwater Sound Sources and Receivers"

バウソナーの一例で、機種はAN／SQS-26。トランスデューサーが円筒状にぎっしり並んで配列（アレイ）を構成している。

※6：フェーズド・アレイ・レーダー
小型の送受信アンテナを縦横にたくさん並べて、アンテナを構成する種類のレーダー。送信の際にアンテナごとの送信タイミング（位相）をずらすと、発生する合成波を指向する向きが変わる。受信の際に、アンテナごとの受信タイミングの差を調べることで、入射した電波の飛来方向を計算できる。機械的な可動部分がないのに加えて、広い範囲を瞬時に走査できる利点がある。

TR-343というトランスデューサーを総数576個、並べている。

そして、トランスデューサーを発振させて、反射波が戻ってこないかどうか、聞き耳を立てる。海水の振動という形で音波が伝わってきた場合、それはレーザー光みたいなピンポイントにはならない。だから、複数のトランスデューサーで音波を受けることになる。

そこでトランスデューサーを円形に並べていれば、個々のトランスデューサーが聴知するタイミングは微妙にずれる。そのデータがあれば、聴知した音波の方位を計算できる。この辺の考え方はフェーズド・アレイ・レーダー※6と同じだ。

●音源の方位がわかるしくみ

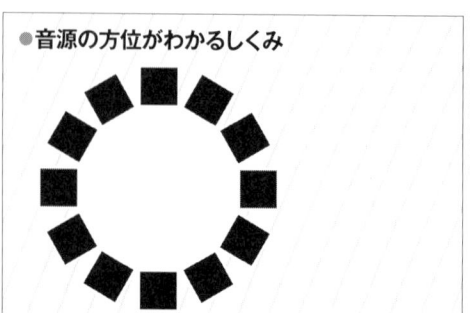

円状にトランスデューサを並べると、音波の到達タイミングに差が生まれ、そこから方位を知ることができる。このイラストでは、右下方向から音波が到来している

これもレーダーと同様、送信から受信までにかかった時間を基にして、距離を割り出すこともできる。ただし、海中での音波の伝搬速度は水温や塩分濃度によって変動するのだが、その話はまた後で取り上げる。

海底の様子を画像化する合成開口ソナー

アクティブ・ソナーの分野では、合成開口ソナー（SAS：Synthetic Aperture Sonar）技術を適用する事例が出てきた。これは主として、海底の機雷や障害物などを調べるためにソナー映像を得る場面で用いる。潜水艦の探知はソナー映像が欲しいわけではないので、SASの出番はなさそうだ。

SASの基本的な考え方は、合成開口レーダー（SAR）と似ている。SARでは、レーダーを搭載するプラットフォームの移動とドップラー偏位[7]を利用することで、実際よりも大きなレーダー開口があるのと同様の状態を作り出して、高解像度のレーダー映像を得ている。

同じ理屈をアクティブ・ソナーに応用して、高解像度のソナー映像を得ようというわけだ。もちろん、ソナーが移動していなければ合成開口処理は成立しない。また、水中における音波の伝搬は大気中でレーダーを使用するときよりも複雑だから、その分だけ処理アルゴリズムの開発・熟成は難しいと思われる。

SASの製品例としては、以下のものがある。
- AquaPix InSAS（クラケン・ソナー・システムズ社）
- SAS Vision 600（アトラス・エレクトロニク社）

※7：ドップラー偏位
ドップラー効果によって発生する周波数の変動を意味する言葉。たとえば救急車が通り過ぎるとサイレンの音程が下がるが、これはマイナスのドップラー偏位（つまり周波数の低下）が発生するため。

タレスの合成開口ソナーT-SASでマッピングした海底の様子。海底の高度を自動計算することにより、どのような海底であっても均質な画像を取得する

●T-SAS（タレス社）

　サーブがAquaPix InSASの評価試験を行ったときには、200メートルの距離で5インチ（約127mm）の解像度を得られたそうだ。T-SASは機雷探知用で、曳航式の航走体に合成開口ソナーを組み込んだ構成。解像度は5cm×3.5cm、探知可能距離は150m、速力11ノット、深度200mまで対応できるという。

アクティブ・ソナーの形状と設置要領

　ソナーの形状は、用途や種類、設置場所によって、さまざまなバリエーションがある。まず、アクティブ・ソナーとパッシブ・ソナーを兼用するトランスデューサー・アレイから見ていこう。

ソナーが音波を送受信する仕組みと圧電効果

　ソナーを実現するには、水中を音波が伝わることで発生する振動と電気信号を相互に変換するデバイスが必要である。

　大気中の音波の伝播は空気の振動という形で行われる。マイクロホンには、その空気の振動を振動板の振動に変換した上で電気信号として出力する仕組みが組み込まれている。たとえばダイナミック型マイクロホンでは、コイルと永久磁石の組み合わせを使う。コイルが振動板とともに振動すると、磁石との位置関係が変化して、それが出力電圧の変化になる。水中では空気ではなく水が振動する。

　そこで関わるキーワードが「圧電効果」。「電歪効果」という言葉を使うこともあるが、要するに「物質に圧力をかけたときに、圧力に比例した分極（表面電荷）が現れる現象」のことだ。

　アクティブ・ソナーの元祖であるASDICでは、セラミックではなく石英を使用していた。石英に加えて、ロッシェル塩（酒石酸カリウム-ナトリウム、$KNaC_4H_4O_6$）も、圧電効果を発揮できることが分かっていた。第二次世界大戦の後になって、その他の物質も使われるようになった。たとえば、圧電セラミックの一種であるチタン酸バリウム（$BaTiO_3$）がそれだ。

Koji Inoue

Rochelle Salt

攻撃原潜ノーティラスが展示されているサブマリン・フォース・ライブラリには、ロッシェル塩の現物が展示されていた

※8：圧電素子
電圧をかけると振動する部品のこと。アクティブ・ソナーで不可欠な部品だが、それ以外でも金属製品の内部にできた傷を探す超音波探傷などで使われている。

　例として、米海軍の巡洋艦や駆逐艦で広く使われているAN/SQS-53ソナー用のTR-343トランスデューサーの構造を見てみる。TR-343は細長い漏斗のような外見をしているが、そのうち幅が広がっている部分を「ヘッドマス」という。これが音波の送受信を担当する放射面で、外側を向くように取り付ける。

　そのヘッドマスの後方に、セラミック板を組み合わせた「セラミックスタック」がある。音波を発生させるには、電気信号を受けて振動する圧電素子[8]が必要だが、TR-343の場合、セラミックスタックが圧電素子として機能している。受信の場合には、逆に、振動を電気信号に変換して出力する。

　その後方にはテールマスがある。これは、放射する音波の周波数に対してバランスをとる役目を持つ。そして最後に、電気的なインピーダンス（交流回路における電気抵抗のこと）を整合させるための変圧器（トランス）がある。

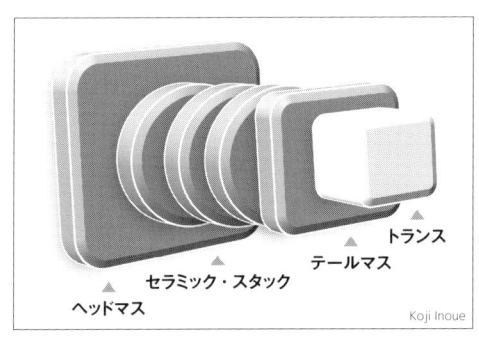

ソナー・トランスデューサーの構造を示すイメージ。斜め後方から見ており、ヘッドマスが外側に面する。

▲ トランス
▲ テールマス
▲ セラミック・スタック
▲ ヘッドマス

Koji Inoue

トランスデューサー・アレイは球または筒

　球形のトランスデューサー・アレイは、アメリカの原潜で好んで使

※9：シーウルフ級攻撃原潜
米海軍が冷戦末期に計画した攻撃型原潜。その前のロサンゼルス級で不満だったところを解決する、高性能の潜水艦を目指した。しかし、高コストに加えて冷戦崩壊で敵がいなくなってしまい、3隻のみの建造で終わった。

われている形態。球形の本体の表面に、トランスデューサーをたくさん並べてあり、外観はゴルフボールに似ている。ゴルフボールのディンプルがトランスデューサーに相当する。ただし実際には、上端と下端は切り取られた形状になっている。

　球形だから、三次元で全周を均等にカバーできて、探知目標の向きを割り出すには具合がよい。米海軍のシーウルフ級攻撃原潜[9]は直径24フィート（約7.3m）、ロサンゼルス級攻撃原潜は直径15フィート（約4.6m）の球形アレイを搭載しているという。

NUWC-NPT Technical Document 12,289 "Properties of Transducers: Underwater Sound Sources and Receivers"

シーウルフ級攻撃原潜が艦首に装備する球形ソナーAN/BSY-2

　ただし、球形のトランスデューサー・アレイは場所をとる。これが艦首のスペースを食ってしまったため、艦首に魚雷発射管を設置するスペースがなくなった。だから、アメリカの原潜はたいてい、魚雷発射管は艦首よりいくらか後ろに下がった部分（たいてい、セイルの下か、それより少し前ぐらい）の側面に、外側に向けて角度をつけた状態で装備している。

　それと比べると一般的なのは円筒形のトランスデューサー・アレイ。これでも上下方向にトランスデューサーを並べているので三次元

仏タレス社によるハル搭載型の円筒形ソナー、キングクリップ

方向の捜索は可能だが、球形のトランスデューサー・アレイと比べると、上下方向、とりわけ真上や真下に近い領域のカバーは難しくなるかも知れない。しかし、小型の潜水艦や水上艦では、艦首に大きな球形トランスデューサー・アレイを取り付けるのは無理があるから、円筒形にならざるを得ない。

潜水艦の場合、トランスデューサー・アレイを艦首の中央部に据え付けて、その上や下に魚雷発射管を並べる方法と、トランスデューサー・アレイを艦首の上部に据え付けて、その下に魚雷発射管を並べる方法がある。艦首まわりの形状を見れば、どちらの派閥に属しているかはだいたい見当がつく。

水上艦のバウソナーも円筒形のトランスデューサー・アレイを使う。だから先の写真でお分かりの通り、バウソナーを覆うソナー・ドームは左右にかなり広がった形になっている。それと比べると、船体下面に突き出すハルソナーは違った形状になると思われる。

ヘリコプターが使う吊下ソナーもアクティブ・ソナーだが、これは縦長の円筒形で、海中に降ろした後に傘の骨みたいな形でトランスデューサーを展開するものもある。ヘリコプターの機内に納めなければならないので、直径が大きいのは困るのだ。

海上自衛隊のSH-60Kヘリが搭載する吊下ソナー。右側の円筒に納まっているのが吊下ソナーの本体で、これを海中に降ろしてからトランスデューサー・アレイを展開させる

可変深度ソナーの黄色いフィッシュ

次に、可変深度ソナー（VDS）を取り上げる。

VDSもトランスデューサー・アレイが中核になるが、それをそのまま使うのではなく、流線型のカバーで覆って後部にフィンを取り付けた形になっている。フィンを取り付けるのはおそらく、水中で曳航して

いるときに姿勢を安定させるためだ。

VDSが曳航ソナーと違うのは、アクティブ・オペレーションを主体とするところ。船体に取り付けるバウソナーやハルソナーは、当然ながら深度の変更ができないが、船体とは独立しているVDSなら、機構的に許される範囲で深いところまで下ろせる。

以下の写真は、海上自衛隊のヘリコプター護衛艦「くらま」が装備していたVDS。

ヘリコプター護衛艦「くらま」（2017年退役）のVDS。下は「くらま」の全景。VDSは艦尾にある矢印の箇所から繰り出す

「くらま」もそうだが、どういうわけかVDSは目立つ明るい色になっていることが多い。海上自衛隊の護衛艦が装備するVDSは黄色だが、国によっては白いこともある。ちなみに、このVDSの航走体を、その外見から「フィッシュ」と呼ぶことがある。

実は、近年ではこの種のVDSは廃れている。まず、パッシブ・オペレーションが主体になり、後で取り上げる細長い曳航ソナーが主役になった。その後、潜水艦の静粛性が向上したためにアクティブ・オペレーションが見直されたが、そこで出てきたのはMFTAみたいな新世代の可変深度ソナーである。

旧来のVDSでアクティブ・オペレーションを実施する場合、どんな課題があるか。

まず、ソナーは音波の周波数が低い方が減衰が少なく、遠距離探知が可能である。そして、低周波ソナーはガタイが大きくなる傾向がある。この辺の事情は、音波と電波という違いはあるものの、レーダーと同じだ。

ところが、VDSは航走体を後ろに引っ張りながら航行しなければならないから、その航走体があまり大きくなっては困る。抵抗が増えるし、思い通りに舵を切って操縦するのが難しくなってしまう。小さな

キャリーバッグを引っ張りながら歩いている場合と、大きなトランクを引っ張りながら歩いている場合を比較してみると分かりやすいかもしれない。

航走体のサイズに制約があると、大きな低周波ソナーを組み込むのも難しそうだ。すると遠距離捜索に向かないソナーになってしまう。

では、パッシブ・オペレーションはどうか。理屈の上では、フィッシュに内蔵するトランスデューサー・アレイでも、バウソナーやハルソナーと同様にパッシブ・オペレーションを行えるはずである。

しかし、あまり大きくできない航走体の中でのことだから、位相差といっても知れている。つまり、方位検出の精度を上げるのが難しそうだ。なるべく離れた場所にある複数のトランスデューサー、あるいはハイドロフォンを使って比較する方が位相差が大きくなるので、その点では細長い曳航ソナー・アレイの方が有利である。

ヘリの吊下ソナーは今も健在

降ろす深度を自由に変えられるということなら、ヘリコプターが使う吊下ソナーも似たようなもの。

「あまり大きくできないのは、ヘリの吊下ソナーも同じでしょ？　どうしてそちらは今も使われてるの？」という疑問が生じるかもしれない。仰せの通り、その通り。

しかし、ヘリコプターは艦艇と比べると足が速い。ある地点でソナーを降ろして探信や聴知をやったら、すぐにソナーを引き上げて別の場所に移動して、また探信なり聴知なりを行う。トム・クランシーの小説「レッド・ストーム作戦発動」下巻で、ヘリが吊下ソナーを上げたり降ろしたりしな

吊下ソナーを降ろして見せているアメリカ海軍 MH-60R多用途艦載ヘリ

がら飛び回り、ソ連軍の潜水艦を捜索する場面が出てくる。

つまり、遠達性に劣るとか、位相差を大きくとれないとかいう欠点を、ヘリ自身の移動によって補える。そこが、艦艇が後ろに引きずって走らなければならないVDSと違う。

機雷探知ソナーの場合

もうひとつ、可変深度ソナーといえば機雷探知である。機雷探知ソナーは、小さな機雷を探し出さなければならないので高い分解能が求められており、故に周波数が高い。だからソナー・トランスデューサーはコンパクトになる。

そして、今の機雷探知ソナーの主敵は海底に敷設された沈低機雷だから、ソナーは海底に近いところまで降ろさないといけない。つまり可変深度は必須の機能となる。そして、機雷は動かない一方で小さく、しかもそれが海底に鎮座しているから、探知距離の長さよりも分解能の方が大事だ。

最近、掃海艇の船体内から海中に降ろす機雷探知ソナーだけでなく、ヘリコプターや小型の無人艇(USV：Unmanned Surface Vessel)から降ろすものも出てきた。ノースロップ・グラマン製のAN/AQS-24Aが典型例で、これは海上自衛隊でもMCH-101掃海・輸送ヘリが搭載している。

なお、機雷は自ら音を出さないから、機雷探知ソナーにパッシブ・オペレーションはない。

AN/AQS-24B機雷探知ソナー。白くて細長い物体がソナーを内蔵する航走体で、手前側に付いているのは安定翼。ヘリや無人艇の後尾から、これを海中に降ろし、曳く。第3部扉の写真は、MCH-101がこの機雷探知ソナーを海面に降ろしたシーン

パッシブ・ソナーの形状と設置要領

　次はパッシブ・ソナーの形状と設置要領である。なお、パッシブ・ソナーは受聴専用だから、トランスデューサーではなくハイドロフォンと呼ぶのが普通だ。

側面アレイの場合

　まず、船体、あるいはソナー・ドームの側面にパッシブ・ソナーを取り付ける形態がある。特に潜水艦の場合、上下方向の設置スペースを広く確保できるので、ハイドロフォンを横一列ではなく、縦横に並べることができる。外から見ると、なにやら湿布を貼ったような外見になる。

　たとえばアメリカ海軍のヴァージニア級攻撃型原潜を見ると、船体の側面に3ヶ所の四角い張り出しがある。これが側面ソナー・アレイ。縦横にハイドロフォンを並べているから、それぞれの方向について受

建造中のヴァージニア級攻撃型原潜。色が暗い上に影になっているので分かりにくいが、船体の側面に3ヶ所、側面ソナー・アレイの張り出しがある

聴した音の位相差を調べて、三次元で発信源の方位を知ることができると考えられる。

たまたま写真があったので米海軍の艦を引き合いに出したが、海上自衛隊の潜水艦にも同様の側面ソナー・アレイが付いている。

ただし、取り付ける場所は考慮しないといけない。あまり後ろの方に取り付けると、自艦のエンジンが発するノイズを拾ってしまって仕事にならない。被探知を防ぐだけでなく、パッシブ・ソナーの探知能力確保という観点からいっても、潜水艦、とりわけ機関の静粛性向上が重要な意味を持つことが分かる。

昔の米原潜には、自艦のノイズ（OSN：Own Ship Noise）を拾うために専用のハイドロフォンを取り付けていた事例もあった（ひょっとすると現在も？）。それが拾ったデータを、パッシブ・ソナーが拾った音響から差し引けば自艦の騒音による影響をキャンセルできる、という理屈である。

また、平面性の維持も問題になる。個々のハイドロフォンがきれいな平面あるいは曲面を構成せず、位置が微妙にずれて凸凹が生じると、探知精度に影響しそうだ。実は、海上自衛隊の潜水艦が「おやしお」型から葉巻型の船型に変えたのは、側面にハイドロフォン・アレイを取り付けるための長い平行部分が必要になったから。涙滴型ではそれができない。

「おやしお」型の前型にあたる、「はるしお」型潜水艦の「わかしお」。艦体は涙滴型をしていた

▌曳航ソナーの場合

ソナー・アレイが船体に付いているから自艦の騒音を拾ってしまうのであって、自艦から離れた場所にソナー・アレイを置けば、そう

いう問題を回避できるのではないか、という考え方が出てきた。

そこで登場したのが曳航ソナー。まず、ハイドロフォンを縦にズラッと並べた細長いアレイを構築する。それを艦の後方に繰り出して、ケーブルで艦とつないで曳航する。ケーブルは単に曳航の機能を果たすだけではなく、ハイドロフォン・アレイが拾った音を艦内のソナー機器に伝えるための電気配線も通るので、構造は意外と複雑だ。

しかも、使わないときには艦内に巻き取って収納しなければならないから、ハイドロフォン・アレイは柔軟性を備えていなければならない。そこでたとえば、樹脂製のチューブにハイドロフォンを納めた構造にする手が考えられる。

筆者はスウェーデン海軍のヴィズビュー級コルベットの艦内にお邪魔したことがあるが、艦尾寄りの艦内に、巻き取られた曳航ソナー・アレイがある様子を見ている。しかし、写真を撮らせてくださいとは言い出しかねた。

こういう構造の関係で、曳航ソナーを構成するハイドロフォン・アレイは縦一列になるのが一般的。その場合、側面アレイみたいに水平方向と上下方向の位相差をとることはできず、水平方向の方位しか分からないことになる。

では、曳航ソナーのサイズはいかほどか。英SEA(Systems Engineering & Assessment Ltd.)の製品を例にとると、シン・アレイ(Thin Array、つまり細いタイプの曳航ソナー)の「KraitArray」で、直径16mm。120個のソナー・エレメントを並べて全長150mだという。対応できる周波数の範囲は、100Hz~32kHz。

米海軍の潜水艦が使用している曳航ソナーはどうか。ファット・アレイの「TB-16D」はケーブル長2,600フィート(約792m)、その先端に取り付けるハイドロフォン・アレイの長さが240フィート(約73m)、直径が3.5インチ(約89mm)。一方、シン・アレイの「TB-23」はハイドロフォン・アレイの長さが960フィート(約292m)、直径が約1.1インチ(約28mm)とのデータがある。

コネティカット州グロトンのサブマリン・フォース・ライブラリ[10]に行くと、そのTB-16の切り身が展示されているが、確かに「案外と太いな」という印象があった。なるほど、これでは船殻の外側に収納用の鞘を設ける必要があるわけだ。

※10：サブマリン・フォース・ライブラリ
アメリカの東海岸、コネティカット州グロトンにある、潜水艦関連の展示施設。世界で初めての原潜「ノーティラス」が、ここで記念艦として保存展示されている。

海底に設置するSOSUSの場合

曳航ソナーは艦艇が曳航するものだから、いわば「移動式」。それに対して、固定設置する種類のパッシブ・ソナーもある。それがSOSUS。SOSUSはSound Surveillance System、つまり「音響監視システム」の略だ。曳航ソナーと似たつくりのハイドロフォン・アレイを使うが、それを海底に固定設置しているところが違う。つまり「不動産」である。

水上艦や潜水艦が装備する曳航ソナーは、自艦、あるいは自艦が護衛の対象にしている艦隊や船団に接近しようと試みる潜水艦を探知するためのもの。それに対してSOSUSは、(仮想)敵国の潜水艦に対する早期警戒が目的である。

では、その目的を果たすためにはどこに設置すればよいか。それは、(仮想)敵国の潜水艦が外洋に出るために、どうしても通航しなければならない場所であり、これを業界用語で「チョーク・ポイント」という。カバーすべき範囲は広いから、伝搬距離が長い低周波の音響に最適化した設計になっているだろうと推察される。

海上自衛隊の敷設艦「むろと」。任務内容の詳細は公にされていない

また、ハイドロフォン・アレイ自体のサイズも桁違いに大きくなるはずだ。ひとつのアレイで海峡あるいは海域をまるごとカバーするのは無理があるだろうから、複数のアレイに分割していると考えられる。それを敷設艦に積み込んで、海底に設置していくわけだ。考え方は海底ケーブルと似ている。

ということは、SOSUSを設置している国の海軍には敷設艦が所属している可能性が高い。もちろん、民間のケーブル敷設船を借りても設置はできるが、秘密保全を考えれば自前の敷設艦がある方がいい。

海底ケーブルとSOSUSが違うのは、敷設する場所の水深。潜水艦の潜航深度はせいぜい数百メートル程度だから、水深が深いところの海底にSOSUSを設置する意味は薄い。ただし、監視したいチョーク・ポイントの水深が深ければ、深い場所に設置することもあり得よう。

▎SOSUSには陸揚施設が必要

具体的に、どんな場所に設置する可能性があるか。たとえば、沿海州のウラジオストクにはロシア海軍の基地があるが、ここに拠点を構える潜水艦が太平洋方面に出ようとすれば、宗谷海峡、間宮海峡、津軽海峡、対馬海峡、朝鮮海峡のいずれかを通航する必要がある。

そこにSOSUSを据え付ければ、潜水艦の動向を把握して警報を発する役に立つ。陸地に挟まれた海峡であれば、どちらかというと水深は浅いだろうから、敷設場所の水深に関する問題も起こらない。ただ、海峡の両岸が自国ないしは同盟国の領土でなければ具合が悪い。

SOSUSと海底ケーブルに共通する話だが、ケーブルを単に海底に転がしておくだけでは仕事にならず、どこかで陸揚げしなければならない。そこから有線、あるいは衛星回線を通じてデータを送る必要があるからだ。だから、SOSUSを設置する海域には陸揚施設が必要になる。

すると、宗谷海峡と間宮海峡は使えない。朝鮮海峡も、片側が韓国だから難しいだろう。現実的なのは、津軽海峡と対馬海峡というこ

とになる。津軽海峡と対馬海峡は両岸とも日本の領土だから、陸揚げ施設の設置は容易だ（本当に設置しているとはいっていない）。

　潜水艦は潜航している方が隠密性が高く、浮上した途端に脆弱な存在になる。ところが、潜航したままだと「無害通航権」を主張できないので公海でしか動けない。だから、幅が狭く、日韓の領海がくっついてしまう朝鮮海峡は、ロシアにとっては使いにくいはずだ。

　大西洋方面だと、ロシア北部のムルマンスクを中心とする、コラ半島の沿岸に海軍の基地施設が点在している。そこから大西洋方面に潜水艦を進出させるには、グリーンランド～アイスランド～イギリスを結ぶ線を横切る必要がある。冷戦期にはこの線のことを、頭文字をとって「G-I-UKギャップ」と呼び、NATOがソ連海軍に対して阻止線を張るラインと位置付けていた。

　グリーンランドはデンマーク領で、そのデンマークもアイスランドもNATOの加盟国である。だから、そこにSOSUSの陸揚施設を設けても問題はない。

　また、コラ半島から北極海を通って太平洋方面に出るルートも考えられるが、これはアラスカとロシアの間にあるベーリング海峡と、その南方のアリューシャン列島が阻止線になり得る。ベーリング海峡の片側はロシア領だが、アリューシャン列島はみんなアメリカ領だ。

　こうした話を頭に入れると、中国海軍から見たときに日本の南西諸島がどのように見えるかが分かってくる。ここに哨戒機や潜水艦が陣取ったり、SOSUSを設置したりすれば、中国海軍の潜水艦にとっては目の上のたんこぶである。

　一方、中国のミサイル原潜は海南島に基地を置いて、南シナ海で行動している。ロシアのミサイル原潜がバレンツ海やオホーツク海に立てこもろうとしているのと同様に、中国のミサイル原潜は南シナ海に立てこもろうとしている。

　自国の領土で囲まれた渤海あたりの方が都合が良さそうに見えるが、水深が浅くて使いづらいらしい。そこで、中国は「九段線」なるものをでっち上げて、南シナ海をまるごと、自国で好きなように使えるようにしようと考えている。海底資源とか漁業資源とかいう話だけではなくて、ミサイル原潜の聖域作りという観点からしても、南シナ海をまるごと我が物にする動機があるわけだ。

その中国のミサイル原潜の動向をチェックしようとしたら、どうしたらいいだろうか。

海洋監視艦は移動式SOSUS

監視したい海域の近隣に、陸揚施設を設けられる場所が必ずあるとは限らないので、SOSUSは万能の選択肢とはいえない。

そこで、SOSUSほどではないものの、長大なハイドロフォン・アレイを持つ広域監視用パッシブ・ソナーを専用の船に積み込んで、洋上を遊弋させるという発想ができた。それがSURTASS（Surveillance Towed Array Sonar System）。

船から曳航ソナーを引っ張るところは水上艦や潜水艦の曳航ソナー、すなわちTACTASS（Tactical Towed Array Sonar System）と同じだが、SURTASSは、目的がSOSUSと同様の広域監視・早期警戒になるところが違う。そのSURTASSを搭載する艦を海洋監視艦といい、米海軍では艦種記号「AGOS」を割り当てている。OSはOcean Surveillanceの頭文字だ。

US Navy

米海軍の海洋監視艦「エイブル」。特異な双胴船形は、荒れた海での安定性と、広い甲板面積の確保に役立つ。上甲板の後部から海中にSURTASSを降ろして曳航する

SOSUSは海底の不動産だから、陸揚施設を設けてケーブルを引き出す必要がある。ところが、SURTASSはハイドロフォン・アレイの一端が海洋監視艦につながっているから、地上に陸揚施設を確保する必要はない。その代わり、動き回る艦だから有線で通信するわけにはいかず、SURTASSで得た探知データは衛星通信を介して本国の解析施設に送る仕組みになっている。要するに、海洋監視艦とは「移動式SOSUS施設」なのである。

アメリカ海軍では冷戦期から海洋監視艦を保有して大西洋や太

平洋を遊弋させていたが、近年では南シナ海にも入れている。そこに中国船がやってきて嫌がらせをする事件が起きたことがある。

軍艦とはいえ丸腰の艦に対して、何を思って嫌がらせをするのかと疑問に思われるかも知れないが、自国の潜水艦の動向を丸裸にしようとする厄介な艦だから、嫌がらせをして追い出そうとするわけだ。

ちなみに、海上自衛隊にもSURTASSを搭載した艦が3隻あり、さらにもう1隻を増備する計画がある。こちらは「音響測定艦」と呼んでいる。

曳航ソナーのオペレーション

曳航ソナーは、ハイドロフォンを縦にズラッと並べたアレイである。ところが、縦一線にハイドロフォンを並べるが故の泣き所がある。

パッシブ・ソナーで分かるのは方位だけ

ハイドロフォンがひとつしかないと、「音が聞こえる」「音が聞こえない」しか分からない。しかし、ハイドロフォンを複数並べてアレイを構成すると、音が入ってくる方位によって、個々のハイドロフォンごとの聴知タイミングが少しずつずれる。

たとえば、前方のハイドロフォンから後方のハイドロフォンにかけて順に聴知した場合、探知目標は真横よりも前方にいると考えられる。近い側から先に聴知するからだ。逆に、探知目標が真横よりも後方寄りなら、後方のハイドロフォンから先に聴知するはずである。探知目標が真横にいれば、アレイの中央にあるハイドロフォンが最初に聴知して、そこから前後のハイドロフォンに向けて、同じタイミングで聴知が進むはずだ。

ということは、聴知したタイミングのズレを精確に計測できれば、それと音波の伝搬速度のデータに基づいて、目標の方位を計算できる理屈になる。

ところが、縦一列に並べただけのハイドロフォン・アレイだと、上下左右の区別がつかない。以下の図でお分かりの通り、探知目標が

右舷側にいても、左舷側にいても、同じタイミングで聴知するのである。

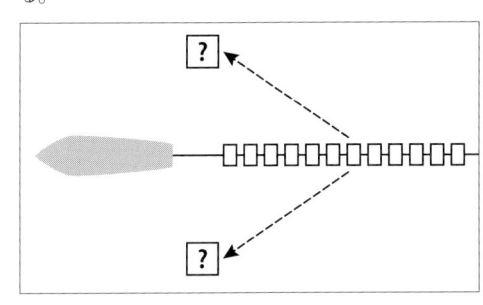

縦一列に並んだハイドロフォン・アレイでは、左右の区別がつかない。どちら側にいる目標からの音波でも、個々のハイドロフォンが聴知するタイミングの差は同じになってしまう

ここでは左右方向について書いたが、曳航ソナーを深いところに降ろしていると、上下方向についても同じ問題が生じるかもしれない。

このままでは探知目標がどちら側にいるか分からないので、変針して同じ目標を聴知する。だが、こちらの針路が変われば、聴知した探知目標の方位は変わるはずである。そこで、最初に聴知したときに引いた左右2本の方位線と、変針後に聴知したときに引いた2本の方位線を重ねてみる。

図の例では、左舷側の方位線②が近くで交差する。その一方で、右舷側の方位線①は、交差するにはするが、交差する位置ははるか彼方である。すると、左舷側の方位線が本物の探知目標であろう、という推測が成り立つ。

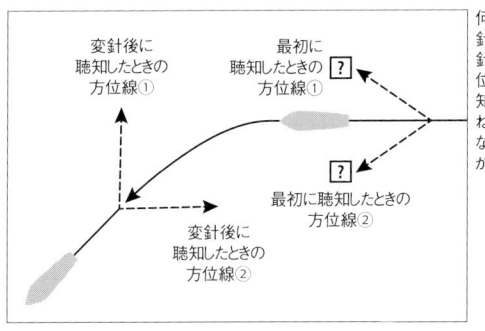

何かを聴知したら、変針してみる。そして、変針前の探知目標の方位線と、変針後の探知目標の方位線を重ねてみる。両者が重なった側の探知目標が本物であろう

海上自衛隊では、この「変針によって異なる方位線を引いてみる」作業のことを、「方位アンビ」と呼んでいるらしい。アンビとはアンビギュイティ（ambiguity）、両義性とか多義性とかいった意味の英単語である。すると、方位アンビとは「方位の両義性を取り除くための挙動」というわけだ。

　ただし、方位アンビを正確に行うには、曳航ソナーを構成するハイドロフォン・アレイが、変針した後で真っ直ぐに落ち着くまで待つ必要がある。

ハイドロフォン・アレイの多局化

　この問題を解決するにはどうするか。そこで登場するのが「多局化」である。ハイドロフォン・アレイが単純な縦一列だからいけないので、同じ位置に複数のハイドロフォンを配置して、それを縦にズラッと並べれば、問題を解決できる。

　曳航ソナーを単に縦一列に並べたのでは方位成分しか得られず、しかも左右の区別がつかない。多局化して上下左右に複数のハイドロフォンを設置すると、この問題を解決できる。

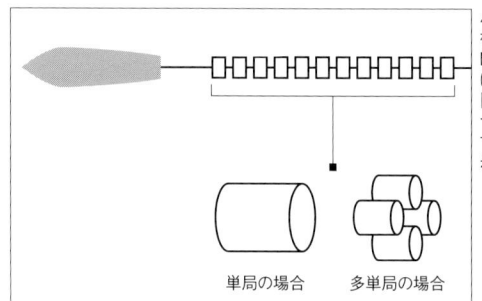

ハイドロフォン・アレイを構成する個々のハイドロフォンを、ひとつではなく複数にするのが「多局化」。図ではひとつだけ抜き出して描いているが、実際にはこれが縦にズラッと並ぶ

単局の場合　　多単局の場合

　上の図では、個々の円筒形がハイドロフォンひとつに対応していると考えていただきたい。単局の場合、単にハイドロフォンがひとつあるだけだが、多局化した場合の図では、上下左右、合計4個のハイドロフォンがある。この組み合わせが縦にズラッと並んで、ハイドロフォン・アレイを構成する。

　こうすると、同じ位置にある4個のハイドロフォンでそれぞれ、何かを聴知した際に微妙なタイミングの差が生じるはずである。その差を検出できれば、「左右のいずれかが分からない」「上下のいずれかが分からない」という問題を解決できると期待できる。

　ただし、多局化しようとするとハイドロフォン・アレイが大型化するので、曳航ソナーが大きく、重くなってしまう。また、中に組み込むハイドロフォンの数が単純計算で4倍になるわけだから、個々のハイドロ

フォンと艦を結ぶ配線が複雑化して、これも重量増加の要素となる。そして、上下左右で位相差が出るといってもわずかな違いだから、そのわずかな違いを確実に検出できるようにすることも、課題になる。

　そんなわけで、多局化は「いうは易く、行うはなんとやら」というところがある。その代わり、多局化したハイドロフォン・アレイを実現できれば、曳航ソナーによるパッシブ探知が効率化すると期待できる。

方位変化率や交差方位法で位置を出す

　自ら電波を出すレーダーでなければ、探知目標の方位と距離の両方を知ることはできない。これはソナーも同じで、パッシブ・ソナーでは方位しか分からない。ハイドロフォン・アレイが一直線だろうが縦横だろうが、音を聴知しただけでは距離は分からない。

　そこでアクティブ・ソナーを使って探信すれば、相手の位置は分かるが、こちらの存在も暴露してしまう。だから、これは「最後の手段」としてとっておきたい。どうやって、パッシブ・ソナーだけで探知目標の位置や動きを把握するか。

　ひとつの方法として、方位変化率[11]の割り出しがある。しかし、方位変化率が同じでも、遠方の目標が速く移動しているのか、近くの目標がゆっくり移動しているのかは、方位変化率だけでは分からない。

　そこで別の方法として、こちらが位置や針路を変える方法がある。たとえば、東から西に向けて針路2-7-0で航行しているときに、方位0-3-0で何か音源を聴知したとする。これだと、自艦の位置から0-3-0の方位に向かう線を引くことしかできない。

　そこで、針路を大きく変えて、たとえば3-3-0ぐらいにしてみる。そしてしばらく移動してから、同じ探知目標の音がどちらの方位から聞こえるかを調べる。すると、異なる位置から異なる2本の方位線を引くことができる。それらが交差する場所が音源の位置である。

　この、複数の位置で聴知して方位線を引く方法を、交差方位法（クロスベアリング）という。その際に位置や針路を大きく変える方が、複数の方位線がそれぞれ明瞭に分かれることになり、精度が向上する。といっても、移動している間にも時間は経過するので、その分だけ相手も移動していると考えなければならない。だから話は案外と複雑に

※11：方位変化率
探知目標の方位（角度）が、1秒間に何度変化するかを示す数字のこと。角速度という言葉を使うこともある。

なる。

　また、前述したように、変針すると長い曳航ソナー・アレイが艦の変針に合わせて曲がってしまう。だから、それが落ち着いて一直線になってから聴知しないと、正確なデータを得られない。

　ところで、「同じ探知目標の音」とあっさり書いてしまったが、どうやって「同じ」「違う」を判断するか。生の音を耳で聞き分けて判断する手もあるが、聴知した音響データをデジタル化して、コンピュータで比較・照合したり周波数分布を解析したり、という手も使う必要があろう。

　もちろん、デジタル化したデータを保存しておけば、後で別の探知目標を聴知したときに比較・照合する場面で役に立つ。ことにパッシブ探知の場合、音響データをデジタル化して、コンピュータを援用することで探知目標を追い込んでいくプロセスが重要になる。

哨戒機とソノブイ

　ここまで取り上げてきたソナーの話は、基本的には艦艇に取り付けて使用するものを念頭に置いていた。ところが世の中には、使い捨てのソナーという豪気なものもある。それがソノブイである。

ソノブイとは

　ブイとは浮標のこと。海上に標識代わりに設置したり、艦船を繋留したりする際に使用する。標識が移動してしまったり、繋留用のブイがプカプカしたりすると意味がないから、この手のブイは海底に鎖で

Koji Inoue

本来のブイとはこういうものだ。水上に浮かんで位置を示す

つないで固定する。

　それに対して、本当にプカプカ浮いているタイプのブイもあって、ソノブイもそのひとつ。ソナー「sonar」を内蔵するブイ「buoy」だからソノブイ「sonobuoy」という。日本を含む西側諸国で使用しているAタイプ・ソノブイのサイズは、直径5.4インチ（137.2mm）・長さ41.6インチ（1,056.6mm）となっている。

　その細長い円筒の中に、アクティブ・ソナーやパッシブ・ソナーを内蔵している。ただし、円筒とソナーが一体化していたのでは海面付近でしか探信や聴知ができないから、着水したらトランスデューサー（アクティブ・タイプの場合）、あるいはハイドロフォン（パッシブ・タイプの場合）をケーブルで海中に降ろしたり、さらに傘の骨組みたいな形で展開したりする。

　そのソナー本体だけでなく、ソナーの探知情報を送信するための無線機や、ソナーや無線機を作動させるための電源となるバッテリ、投下の際に速度を抑えるためのパラシュートも内蔵している。

　アクティブ・タイプとパッシブ・タイプのいずれも、指向性を備えているタイプと、無指向性のタイプがある。もちろん、指向性を備えているソノブイの方が便利だが、値段が高い。1980年台半ばの話だが、「ソノブイ1本が乗用車1台分」という話を聞いたことがある。たぶん、今ならもっと高い。

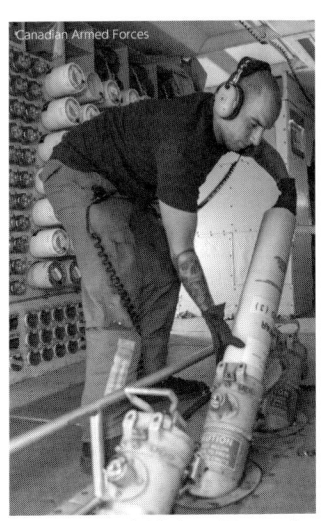

Canadian Armed Forces

CP-140オーロラ哨戒機（カナダ軍のP-3C）のソノブイランチャーにAN/SSQ-53Dソノブイを搭載する機上電子センサー員

ソノブイの投下

　ソノブイを投下する際に使用する機材がソノブイ・ランチャー。要するに筒で、この中にソノブイを入れておき、圧縮空気の力で押し出

して投下する。

ソノブイは、漫然とばらまくわけではない。最初に、どういうブイ・パターンを構築するかを計画しておいて、それに沿って投下していく。だから、ソノブイ投下を担当する哨戒機は優れた航法能力と、所定の針路に沿って精確に飛んでいく能力が求められる。

たとえば「敵潜が西方から接近してきそうだから、艦隊の西方に、南北に並んだブイのラインを作る」とか、「この地点で潜水艦を探知したから、それを囲むようにブイを投下する」とかいった具合。そこで無指向性タイプのパッシブ・ソノブイを使えば、潜水艦がやってきて何か音を出すと、それを聞きつけたソノブイが探知報告を上げてくれる。

探知報告を受信した哨戒機の側は、当初に策定したブイ・パターンを基に、「2番ブイが何か聴知したから、その辺に何かいる」という具合に判断を下す。聴知するブイが次々に変わっていけば、それぞれのブイの位置に（だいたい）沿ったコースで潜水艦が移動しているのではないか、という推測が成り立つ。

ある程度、「潜水艦がいそうな場所」を絞り込んだら、そこにアク

P-3C哨戒機の胴体下面に並んだソノブイ投下口。大半は離陸前に地上で装填しておくタイプだが、一部は機内からの装填を行う

ティブ指向性タイプのソノブイを投下して、機上からの指令によって探信をぶちかます。それで反応が返ってくればこっちのもの。ソノブイを投下した位置と、探信したときに反射波が返ってきた方位、反射波が返ってくるまでの経過時間により、潜水艦の位置を突き止められる。

そして、味方艦の所在に関する情報、探知した潜水艦が発する音の特徴、探知した潜水艦の挙動などに基づいて「敵潜」だと判断したら、戦時なら魚雷や爆雷を投下して撃沈する。平時なら、しつこく追尾を続けたり、発音弾を投下したりして嫌がらせをしたりする。ただし自国の領海内なら、ちょっと離れた場所に爆雷を投下して、警告して強制浮上させるぐらいのことはあり得る。

ソノブイの位置を把握する

海上に投下したソノブイは、プカプカ浮いているだけだから、波や海流によって移動してしまう。そのため、ソノブイの精確な位置を把握する手段が必要となり、ソノブイ参照システム（SRS：Sonobuoy Reference System）が登場する。

SRSは、哨戒機の翼端などに複数設置したアンテナがソノブイからの電波を受信する仕組み。アンテナの位置によって時間差が生じるから、それに基づいて位置を計算できる。P-3オライオンのフライトマニュアルを調べてみたら、胴体下面と水平尾翼下面に合計10基のSRS用アンテナを備えている、とあった。

同じ機上にある複数のアンテナから複数の方位線を引く場合、アンテナの位置が近接していると、ほとんど同じ方向になってしまうかもしれない。

しかし飛行機は速い速度で移動しているから、ある地点での方位線と、別の地点での方位線を組み合わせる方法も考えられる。もちろん、機体が移動している間にソノブイも波に流されて移動している可能性があるが、飛行機の速度と比べれば桁が違うから、生じるズレは誤差みたいなものであろう。

SRSがない時代には、ソノブイが出す電波の向きを頼りにして哨戒機が自ら飛び回り、投下したソノブイの上空を通過（オントップという）して回っていた。オントップした瞬間にスモーク・マーカー（煙を出す

浮標)を投下して目印にするが、それをずっと繰り返していると、海面はスモーク・マーカーだらけになる。もちろん、燃料を使い果たしたスモーク・マーカーは煙を出さなくなるが、そうなったらまたオントップし直して場所をマークしないと、場所を把握できない。

ちなみにP-3Cは、SRSとは別にOTPI (On Top Position Indicator) という機器を備えており、オントップしたときにパイロットの前の計器盤に付いている水平状況表示器 (HSI：Horizontal Situation Indicator) に「オントップしたよ〜」という表示を出す仕組みになっている。

ソノブイの通信チャンネル

実は、ソノブイを投下する際には、事前にプログラムしておかなければならない情報がある。

複数のソノブイが同じ周波数の無線で探知報告を上げてきたら、混信して訳が分からなくなる。だから、ソノブイごとに周波数 (チャンネル) を変えなければならない。それは投下の際にひとつずつ設定する必要がある。

哨戒機には、ソノブイが無線で送ってくるデータを受信するための受信機(ソノブイ・レシーバー)を搭載する。個々のソノブイにそれぞれ異なるチャンネルを割り当てて混信を防ぐ必要があるから、同時に投下・稼動させられるソノブイの数は、ソノブイ・レシーバーが対応できるチャンネルの数に制約される。

P-3Cを例にとると、初期モデルで31チャンネル、後期モデルで99チャンネルある。ということは、初期型のP-3Cは最大31個のソノブイしか同時展開できなかったことになる。

ソノブイ・バリアを展開する際には、何番ブイに何チャンネルを割り当てた、という情報を掌握しておく必要がある。それをやらないと、ソノブイ・バリアを展開する意味がなくなるし、チャンネルの重複が発生したら仕事にならない。

もちろん、ソノブイ・レシーバーに設定できるチャンネルが増えたら、それに合わせてソノブイの側でも、設定可能なチャンネルを増やさなければならない。両者は一心同体である。

ソノブイの設定深度と稼動時間

　ソノブイ本体は海面にプカプカ浮いているものだが、そこから海中に降ろすソナーは話が違う。だから、ソノブイ投下の際には深度の指令も必要になる。

　米海軍で使用しているAN/SSQ-53Fという指向性ソノブイを例にとると、90フィート、200フィート、400フィート、1,000フィートの選択が可能になっている（1フィート=0.3048m）。

　また、稼動時間も指定できる場合がある。AN/SSQ-53Fの場合、2時間、4時間、8時間のいずれか。意外と長持ちするものである。長持ちする方がいい、と単純に考えてしまいそうになるが、そうとは限らない。

　たとえば、移動する艦隊や船団の周囲にソノブイ・バリアを展開する場合、艦隊や船団が去った後に残るソノブイは用済みになる。すると、必要とされる時間だけ稼働してくれる方がありがたい。

　なぜなら、ソノブイが稼動している間は電波を出し続けるからソノブイ・レシーバーのチャンネルを塞いでしまう。それに、電波を逆探知して、浮いているソノブイを敵さんが拾う可能性もゼロではない。そんなことにならないように、バッテリが切れたソノブイは自動的に沈ん

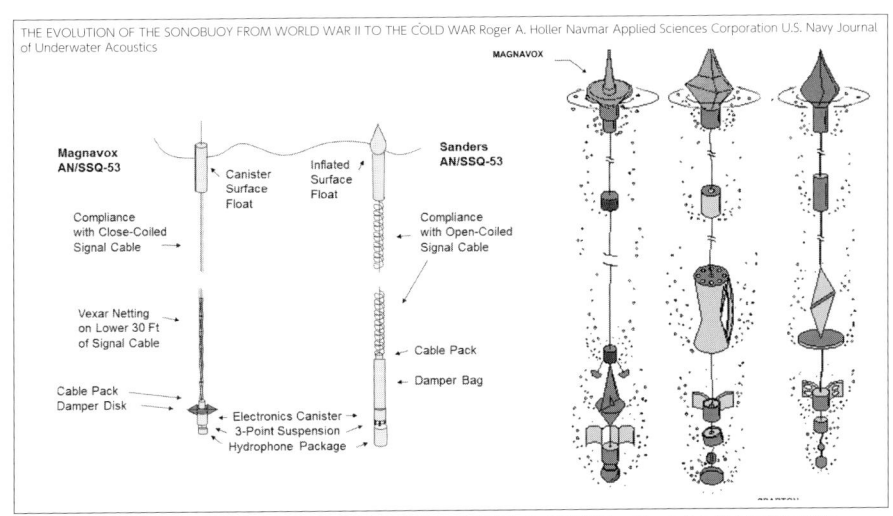

AN/SSQ-53ソノブイの動作を示した図。浮力を発揮する部分や電源となるバッテリがあり、ソナー本体は海中に降ろす構造

で、敵手に落ちないようになっている。

その代わり、同じ海域で長丁場の捜索を行う場合には話が逆になる。バッテリが切れたソノブイが自動的に沈むとブイ・パターンに「穴」が開くからだ。その場合、哨戒機はバッテリ切れで沈んだソノブイの場所に行って、速やかに代わりのソノブイを投下しなければならない。

ともあれ、無線のチャンネル、深度、使用時間といった具合に、いろいろと設定しなければならない情報があるので、ソノブイ・シューターには電気接点を設けて、ソノブイと管制システムの間で通信ができるようにしてある。

P-3の何が画期的だったのか

こうしたソノブイ・オペレーション、あるいはソノブイから上がってきたデータの処理をコンピュータ化したことが、P-3オライオン哨戒機における一大革新だった。

不確実な要素が多く、手間をかけて、さらに経験とカンに頼らざるを得ない部分が少なくない水中戦の分野だからこそ、可能なところでコンピュータを援用することのメリットは大きい。そうすることで、乗員は人間でなければできない仕事に専念しやすくなる。

P-3の登場はずいぶん昔のことだから、その後の哨戒機、あるいはP-用の改良型ミッション機材であれば、さらに性能・機能が向上しているのは間違いない。哨戒機の場合、飛行性能よりも、こうしたミッション機材の性能が問題である。どんなに飛行性能が優れていても、ミッション機材のハードとソフトがポンコツではダメなのだ。情報通信技術の権化みたいな軍用機、それが哨戒機である。

コンピュータは昔と比べると小型軽量化や低消費電力化がおおいに進んでいるから、その分だけミッション機材は小型化できる……はずだが、実情はむしろ、余裕を性能向上に振り向ける傾向がある。だから哨戒機の機内は各種機材で埋め尽くされる。

マルチスタティック捜索とソノブイ

ステルスというと、レーダー探知を避ける「対レーダー・ステルス」

を真っ先に想起する方が多いと思う。しかし、「送信→反射波の受信」で探知を成立させるところは、レーダーもアクティブ・ソナーも同じだ。したがって、対ソナー・ステルスという考え方も成立する理屈である。具体的には、ゴム製のタイルを貼り付けて音波を減衰させようとしたり、形状に工夫をして反射波を逸らそうと企んだりする。

すると「矛と盾」の故事通り、「ステルス技術あればカウンター・ステルス技術あり」となるのは当然の成り行き。音波の反射を逸らす工夫に対して、バイスタティック探知やマルチスタティック探知といった対抗手段が登場した。

普通はレーダーと同様に、アクティブ・ソナーは送信と受信を同じ場所で行う(モノスタティックという)。それに対して、送信と受信を別々の場所でやるのがバイスタティック、1ヶ所から送信して、受信を複数ヶ所で同時にやるとマルチスタティック探知になる。

受信する場所を増やそうとすると、水上艦やヘリコプターに設置するソナーでは手駒が足りなくなりそうだが、ソノブイならたくさんばらまける。たとえば、潜水艦がいそうな場所を囲むようにソノブイ・バリアを展開しておいて、そのバリアで囲んだ範囲の中心にアクティブ型のソノブイを投下して探信させる。

相手の潜水艦が反射波を逸らす工夫をしていた場合、探信したソノブイのところではなく、別のソノブイのところに反射波が行くだろう。そこで、「探信したタイミングと場所」「反射波を受信したソノブイの番号、当該ソノブイの場所、当該ソノブイに反射波が入ってきた方向」の情報があれば、どこにいる物体で反射したのかを割り出せると期待できそうだ。

反射波を受信したソノブイが異なる場所で複数あれば、反射波の方向も受信タイミングも違う。そこで水中の音波伝搬速度が分かっていれば、音波を反射した潜水艦の位置を幾何学的に計算できそうでもある。

ただし、これが成立するのは、SRSみたいな手段を用いて個々のソノブイの位置を精確に把握している場合に限られる。最近、GPS(Global Positioning System)受信機を内蔵するソノブイが出てきているから、これも有用だ。探知に関する情報と、ソノブイの位置に関する情報を一緒に送れば良い。しかし、内蔵するメカが増えればソノブイ

※12：SEAL
米海軍の特殊作戦部隊。
特に、海から隠密裏に敵地
に浸透する任務を得意と
する。「シール」のほか、「シー
ルズ」や「ネイビーシールズ」
とも呼ばれる。

の値段がますます上がる。なかなかうまくいかないものである。

港湾警備・ダイバー探知用のソナー

21世紀の最初の10年は、「不正規戦・対反乱戦」という言葉で埋め尽くされた感がある。そうなると、戦闘の様態も、そこで用いられる攻撃手段も、正規軍同士の交戦とは違ったものになる可能性が出てくる。

新たなる脅威、ダイバー

そうした中で、ダイバーが海中から攻撃を仕掛けてくる可能性が、業界内で浮上した。つまり、吸着爆雷などの破壊手段を持ったダイバーが軍艦や商船に海中から忍び寄り、吃水線より下の船体に爆薬を仕掛けて立ち去る、といった類の攻撃である。

ダイバーが持って泳げる程度の量の爆薬では、魚雷や機雷が船体の真下で炸裂したときみたいに「船体が真っ二つに折れる」というほどの威力はないだろうが、破口ができて浸水する事態は避けられない。

軍艦は戦闘配置に就く際に区画と区画の間の隔壁に設けられたハッチをすべて閉鎖するから、ある区画に浸水しても、隣の区画に浸水が及ぶ可能性は低くなる。しかし商船は事情が違う。軍艦よりも浸水被害が大きくなるかも知れない。

困ったことに、潜水用の呼吸装置などは民間でも広く使われているものだから、入手するのに不自由はない。しかるべきおカネを用意すれば誰でも手に入れられる。

米海軍のSEAL[12]（Sea-Air-Land）チームみたいに、海中を主な活動の場とする特殊作戦部隊は、隠密性を高めるために閉鎖式の呼吸装置（泡が出ないので存在がばれにくい）を使っているが、さすがにそれは民間で誰でも手に入れられるかどうか分からない。しかし、閉鎖式でなくても、防御側がそのつもりで鵜の目鷹の目で見張っていなければ、存在に気付くのは難しい。

魚雷なら、足が速くて威力が大きい代わりに、ソナーやエンジンが

大きな音を立てることが多いので、接近を探知するのは比較的難しくない。機雷は動けないから、既知の機雷原を避ける手がある。ところが、ダイバーは威力こそあまり大きくないものの、探知は難しい。しかも自分で移動する分だけ始末が悪い。

ダイバーをどうやって探知する?

そこで何か別の探知手段はないかということで、水中戦装備を手掛けるメーカーのうち何社かが、ダイバー探知ソナーなるものを開発した。ブツは小型のアクティブ・ソナーで、それを艦船の舷側から海中にケーブルで吊下する。そしてソナーを作動させて、周囲の海中を探信する仕組み。

ただし相手が小さいから、高い分解能が求められる。つまり使用する音波の周波数帯は高くなる。もっとも、ソナーそのものはコンパクトになり、必要に応じて船の甲板に載せられる程度のサイズとなる。「デカくて重いため、装備できる艦が限られる」なんていうことはない。

たとえば、ドイツのアトラス・エレクトロニク社 (Atlas Elektronik GmbH)では、セルベルス(Cerberus)というダイバー探知ソナーを開発した。メーカー側の説明によると、開放式呼吸装置を使用しているダイバーでも、閉鎖式呼吸装置を使用しているダイバーでも探知でき、全周の監視が可能。使用する周波数帯は70~130kHz、探知可能な面積は2.5平方キロ、距離分解能は25mm、角度誤差は1度以内だとしている。

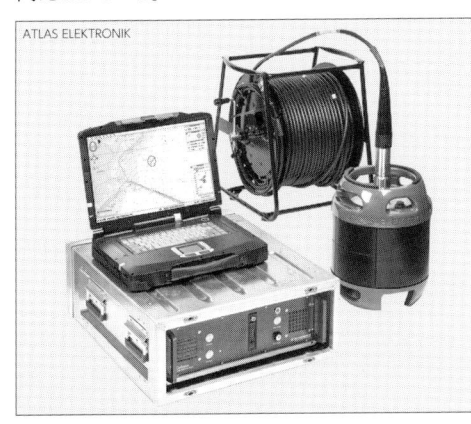

ATLAS ELEKTRONIK

アトラス・エレクトロニク社のセルベルスDDS(ダイバー探知ソナー)。ケーブルの先にバケツ大のソナーを接続し、水中に下ろすと、ポータブルPCの画面に半径1km圏内の水中に潜っている人がいないか表示される。溺れた人を探す用途にも使える

セルベルスのソナー本体を吊下するのに使うケーブルの長さは75メートルだが、ダイバー探知ソナーが必要なのは主として港湾だから、これだけあれば充分であろう。

その代わり、海中の障害物を誤探知したり、浅い海底からの反射波を探知目標と間違えたり、海底からの反射波にターゲットが紛れ込んでしまったり、といった可能性は考えなければならない。技術屋さんが頑張ることも必要だが、オペレーターをしっかり訓練して、経験を積ませることも必要だろう。

一方、ノルウェーのコングスベルクは、水中監視システムSM2000なる製品を開発した。守るべき艦船が停泊しているエリアの周囲を取り巻くようにソナーを配置して、いわば警戒幕を設定する。そこでダイバーの侵入を検知・阻止できれば、その内側は安全、という考え方のようだ。

SM2000で使用するDDS9001ソナーは直径50cm、これをケーブルで海中に吊下して探知手段とするところは、セルベルスと同じである。探知・追跡の自動化も可能とのことだが、そのためのソフトウェアを開発・熟成するのは大変な仕事だっただろうと推察できる。

ちなみに、水中にカメラを降ろして監視させたら… という考えもありそうだが、港湾の海水はあまりきれいでもなければ澄んでもいないだろうから、視覚的探知はあまり容易ではなさそうだ。第一、夜になったら使えない。

US Navy

第4部
ソナー探知にまつわるいろいろ

大気中における電磁波の伝播と比べると、
水中における音波の伝播は複雑だ。
だから、ソナーを活用しようとすると、考えなければならない話がいろいろ出てくる。

ソナー探知を阻害する工夫

　最近、戦闘機や爆撃機はステルス性をアピールする事例が多くを占めている。この場合のステルス性とはレーダーによる被探知を困難にする、いわゆる対レーダー・ステルスのことである。しかし実際には、「ステルス＝対レーダー・ステルス」ではない。その他の探知手段に対するステルス性向上手法もあり、対ソナーも例外ではない。

■ アクティブ・ソナー探知を避ける

　アクティブ・ソナーは、探信して、それの反射波を受信することで探知を成立させている。「音」と「電磁波」という違いはあるが、考え方はレーダーと似た部分がある。だから、アクティブ・ソナーによる探知を困難にする手法は、対レーダー・ステルスと似たものになってくる。

　たとえば、レーダー電波を反射しないように、レーダー電波吸収材、あるいはレーダー電波吸収用のコーティングを行う対レーダー・ステルス手法がある。それが対ソナー・ステルスの場合には、無反響タイルとなる。要するに一種のゴム板で、これを船体の表面にびっしりと張り付ける。

　ところが、いうは易く行うはなんとやら。無反響タイルを貼り付けても、運用を続けているうちに一部の無反響タイルが剥がれ落ちてしまい、船体の表面が凸凹になることがある。

　無反響タイルを早くから導入していたのは旧ソ連の潜水艦だが、たまに海面に浮上したところを西側諸国の水上艦や哨戒機に写真撮影されると、往々にして無反響タイルが剥がれた凸凹の姿になっていた。これでは、音波の反射を増やしてしまうだけでなく、凸凹が水流を乱してノイズ発生源になってしまう。

　海上自衛隊の現用潜水艦も無反響タイルを貼り付けているが、接着技術が進歩したのか、剥がれ落ちた姿を目にすることはないようだ。

JMSDF

597

海上自衛隊の潜水艦「たかしお」。音波を到来方向へ返しやすいセイルの側面には、無反響タイルが貼り付けられている

対レーダー・ステルス手法のもうひとつの柱は、形状の工夫によって電波を明後日（あさって）の方向に逸らしてしまい、発信源の方に返さない手法である。

Koji Inoue

TAKASHIO

前方から見た、潜水艦「たかしお」。側面を傾斜させて上部を絞ったセイルの断面形状がよく分かる。側方から到来した音波をやや上へ反射させるための、対ソナー・ステルス技術

では、潜水艦における対ソナー・ステルスはどうかというと、側方から浴びる探信音が最大の問題になる。なぜなら、その方向の面積が最も大きいからだ。ただ、船体は円筒形断面になっているので、側面がまるごと反射源になるとは限らない。むしろ問題になるのは、垂直の面が大きいセイルの方だ。

だから最近の潜水艦は対ソナー・ステルスのために、セイルの側面を傾斜させて、上部に向かうにつれて幅を

絞った形状にすることが多い。最上部に設ける艦橋(浮上航走時の見張りに使う)が狭苦しくなるが、被探知性の低減には代えられない。

機雷にも似た話がある。形状の工夫やゴム製被覆によって機雷探知ソナーを躱そうと工夫しているものがあり、具体例として、湾岸戦争の際に有名になったイタリア製のマンタがある。上部を切り落とした円錐形なので、上方からの音波を逸らす効果を期待できる。

海上自衛隊が使用している、マンタを模した訓練機雷。音波を真上に向けて反射しないよう、上部を絞った形状が見て取れる。もちろん実弾ではなく、これを海底に設置して探知・処分の訓練をするために使う

また、潜水艦の中には音響要撃受信機と呼ばれるソナーを備えたものがある。レーダーに対するレーダー警報受信機(RWR:Radar Warning Receiver)みたいなもので、ソナー音波を浴びていることを知らせて警報を発するのが目的。

贋目標を放出する

このほか、贋目標をこしらえる方法もある。レーダーで探知されたときにチャフを撒くのと似ているが、使う道具は違う。この種のデバイスが最初に登場したのは第二次世界大戦中のことで、ドイツ海軍のUボートが「ボールド」と呼ばれるメカを導入した。

「ボールド」は、直径10センチメートルの金属管にカルシウム水素化物を封入してあり、それを海中に放出する。するとカルシウム水素化物が海水と反応して気泡を発生するので、それがソナー音波を反射して贋目標になる仕組み。敵艦のソナーが贋目標を追っている間に、本物の潜水艦は三十六計を決め込もうというわけだ。

現代でも似たようなデバイスが使われているが、相手がアクティブ・ソナーを使用していなければ意味がない。気泡は潜水艦が発するような音をたててくれないからだ。それに、海中に発生させた気泡

は動かないから、敵が「動かないやつは囮だ」と判断するリスクもある。

そこでもうちょっと高級な囮として、潜水艦とそっくりの音を出す自航式の囮[1]が登場する。潜水艦ではなくて水上艦に搭載するものだが、最近の海上自衛隊の護衛艦が、そうした自航式の囮（おとり）を搭載している。

妨害音波によるソフトキル

レーダーの分野には、妨害電波や贋電波を使用する対抗手段がある。同じように、アクティブ・ソナーに対しては妨害音波や贋音波で対抗する方法が考えられる。

たとえば、アクティブ・ソナーで探信されたときに、タイミングをずらして贋の反響音を返す手が考えられる。本来なら探信して10秒後に反響音が返ってくるはずのところ、贋の反響音をもっと早く送信する。すると、探信した敵艦にとっては本来より早いタイミングで反響音を受信することになるので、実際よりも近い位置に目標がいる、と勘違いする効果を期待できる。

もちろん、贋音波を出すタイミングやその方向も、キチンと計算する必要がある。

また、レーダーの場合と同様に、発信源が「この反響音は自分が出した音波と違う」と気付いてしまっては具合が悪いので、似通った音波を出す必要がある。すると、最初に敵のソナーが発信した音波を聴知・分析する必要がある。これは、周波数や変調方式などの特性を調べるために必要な作業だ。その上で、同じような音響を生成・発信する。

それを行う装備の一例として、米海軍で開発したAN/SLQ-25ニキシー、別名SSTD（Surface Ship Torpedo Defense）がある。メーカーはボーイング傘下のアルゴンSTだ。タイミングをずらして距離判定の引き離しを行う代わりに、贋音波の発信源を物理的に離れた場所に置くという考え方だ。

ニキシーは、囮となる音響発生源を、最大長300mのケーブルで曳航する。敵の魚雷が接近して、目標捕捉のためにアクティブ・ソナー

※1：自航式の囮
ソナーは音波で探知を行うものだから、贋の音源、あるいは贋の音波反射源を用意すれば囮にできる。しかしそれが動かないのでは、簡単に見破られてしまう。そこで、動力源を備えて動きながら贋音波を発したり、ソナー音波を反射したりする囮が考え出された。海上自衛隊で使用しているMODは、その一例。また、訓練で潜水艦代わりの標的を務める自航式囮もある。

戦艦「アイオワ」(BB 6 1)で採用された、AN/SLQ-25ニキシー。300mのケーブルで艦艇に曳航され、音波を受信すると、その情報を母艦に伝えるとともに、受信した音波を増幅した偽の反射波を発信する

を作動させると、ニキシーはその音波を受信して艦に情報を送る。それを艦側の信号処理装置が分析して、魚雷の機種、位置、脅威度を判定、回避行動などの参考にする。それとともに、受信したソナー音波を増幅してニキシーから発信すると、これが贋の反射波として機能する。

パッシブ・ソナー探知を避ける

では、パッシブ・ソナーはどうだろうか。こちらは妨害しようと思ってもできないし、そもそも聴知されている側は、誰がどこで聞き耳を立てているかが分からない。だから、パッシブ・ソナーへの対策は、自身が発する音を抑制するしかない。

その「自身が発する音」は多様である。機関が発する音はもちろんだが、その機関によって回転するスクリューも騒音発生源になる（だから、スクリューの形状や製造法は秘匿度が高い）。そこで問題になるのが、キャビテーション。かいつまんで説明すると、スクリューを高速で回転させたときに羽根の背後で圧力が下がり、水が気化して気泡が発生する現象だ。その気泡がつぶれるときに音や振動が発生するほか、羽根の表面が浸食されて傷んだり、推進効率が低下したりする。

このほかにも当然ながら、ポンプや空気圧縮機など、さまざまな機械類が騒音の発生源となる。

また、先に無反響タイルが剥がれ落ちる話でも触れたように、船体の表面が凸凹していると、これも騒音の発生源となる。潜水艦では、出港して用済みになった繋留機材をクルンと反転させて格納して表

面を平らにする、なんていうことまでやっている。

　そのほか、艦内で人が暮らすことに起因する音もある。人が歩けば靴音が出るし、調理場で鍋を五徳にぶつければ音が出る。トイレで用を足したり、その後で流したりすれば音が出る。シャワーはいうに及ばず。

　そういう諸々の音を抑え込むことも、ソナーによる探知を避ける手段のひとつ。「特別無音潜航」の指令が出たら、本当に音のひとつも出せなくなるらしい。そんなときにトイレに行きたくなったらどうするんだろう。

　これらはいずれも「音を出さなければ聴知されない」という考え方。しかし別の考え方として、「どでかい音をたてれば、自艦が発する音はその背後に紛れてしまう」という考え方もある。分かりやすいが、自艦のソナーまで一緒になって邪魔されてしまうし、長時間にわたって連続的に大音響を発するのは難しい。

　そもそも、大音響の発生源を自艦に装備していたのでは、その音響の発生源を狙われる可能性もある。すると、自艦から離れた場所で大音響を発する仕掛けを用意しなければならず、それはなかなか実現が難しい。大音響を発するデバイスと、それを作動させるための電源を、なるべくコンパクトに、かつ（使い捨てのモノだから）安価にまとめなければならないからだ。

水測予察と海洋観測

　大気中、あるいは宇宙空間を電波が伝搬する際には、ただ単純に真っ直ぐ飛んでいく… とは限らない。比較的シンプルそうに見える電波でもそうだが、海中の音波の伝搬はさらに複雑である。だから、ソナーのオペレーションは簡単な仕事ではない。

音波の伝搬に影響する要因と水測予察

　水中でソナーのような音響センサーを使用する場合、注意しなければならない点がある。それが水測[2]状況だ。

※2：水測
ソナーを用いて、水中にいる脅威を捜索する仕事のこと。海上自衛隊では、ソナー員のことを水測員という。また、ソナーの動作に影響する海中の騒音源、水温、塩分濃度など、さまざまな状況を指して「水測状況」という。

音波が真っ直ぐ進むとは限らないので、パッシブ・ソナーが何かの音を聴知したときに、その音が入ってきた方向がすなわち音源の方向とは限らない。アクティブ・ソナーにしても、音波が真っ直ぐ進まなければ、意図しているのとは異なる方位にいる目標を探知してしまう可能性がある。

音響の伝搬に影響を及ぼす要因としては、まず塩分濃度が挙げられる。外洋と、陸地に近いところで大きな河川の河口がある場所では、当然ながら塩分濃度には違いが生じる。海水と淡水が入り乱れていれば、さらにややこしいことになる。

また、水温も影響する。単に水温の高低だけの話ではない。よく知られているように、状況によってはサンドイッチのように温度層ができるが、これもソナー探知の妨げになる。ソナーと探知対象が異なる温度層にいると、音波が温度層の境で反射してしまって探知が困難になる。

そういった、ソナーの動作に影響する各種要因をひっくるめて「水測状況」と呼ぶ。

一般的な傾向として、沿岸部は外洋と比べると水測状況が複雑で、ソナー探知が難しい傾向がある。おまけに、船舶が多いからバックグラウンド・ノイズが増える。外洋・沿岸に関係なく起きる問題としては悪天候があり、台風などが来襲して海が荒れれば、これもソナーに影響する。

そういったさまざまな条件を取り込んで、海中における音響の伝播状況を予測するのが、いわゆる水測予察技術である。それを実現するには、音響の伝播速度や伝播特性がどうなるかを、水温や塩分濃度などといった項目ごとに調べておく必要がある。これが予察の基礎データになる。

一方、実際にソナーを使用する現場については、海洋観測艦をはじめとする各種の資産を駆使して、平素からデータを収集・蓄積しておく。また、哨戒機も水上艦も潜水艦も、海中に温度計を降ろしたり投下したりして、深度ごとの水温の変化をその場で調査する。

哨戒機の場合、ソノブイと同じサイズ・形状を持つ温度計があって、これを投下すると水温計を海中に降ろす仕組みになっている。その一例が、AN/SSQ-36B。これはBT（Bathythermal）と呼ばれる

製品で、深度2,625フィート（約800メートル）まで水温計を降ろせる。

　コンピュータでシミュレートするための数学的モデルを作り、そこに基礎データと現場のデータを投入することで、コンピュータによる水測予察が可能になる。コンピュータは、何もデータがないところからあてずっぽうで計算できるわけではないから、計算の際に立脚するべきデータと、計算の方法を指示する必要がある。

　水測予察技術によって、実際の状況に近い音響伝播予測データを得られれば、対潜艦や潜水艦が現時点で直面している海洋におけるソナーの探知能力を予測できる。探知する側だけでなく、探知される側（つまり潜水艦）にとっても、「どこにいれば見つかりにくい」「どこにいると見つかりやすい」を知る材料は必要だから、やはり水測予察技術は重要である。

　そして前述した事情から、広い外洋と比べると、浅海面・沿岸域の方が予測が難しくなるのは、致し方ない。

不可欠となる海洋観測艦

　海洋観測艦の仕事は読んで字のごとく。水温、海流の向きや速度、ひょっとすると塩分濃度などといった、海洋そのものに関する調査とデータの収集。それと、海底地形の測量も行う。

　そういった作業のために使用する機材を海中に降ろしたり、作業が終わった後で引き上げたりするために、艦首に目立つバウシーブを備える艦もある。ケーブルを敷設する場合と違い、観測の際には停止するので、艦首から上げ下ろしを行うバウシーブで問題はないと思われる。

　もっとも、海洋観測艦がすべて船首にシーブを備えているわけではない。実際、海上自衛隊の海洋観測艦でも、シーブを備えた艦と、備えていない艦がある。シーブを使わずに、舷側から機材を上げ下ろしすることも多い。

　武装はしていないし、艦種記号が「A」（Auxiliary の頭文字）で始まることでお分かりのように補助艦扱いだ。しかし、海洋観測艦が収集するデータは潜水艦の行動に深く関わっているため、実は情報保全のレベルが高い。

Youichi Kokubo

バウシーブを備えた海洋観測艦「わかさ」（手前）。バウシーブとは艦首の巻き上げ機のことで、外側が凹んだ滑車（シーブ）にワイヤーをかけて観測機材の上げ下ろしをおこなう

　もちろん、潜水艦を見つけて狩り立てる側にとっても、事情は同じ。ソナーによる探知が成り立つかどうかは海水の温度や塩分濃度に左右されるので、平素からデータを蓄積しておかないと、いざというときに敵潜を追いかけるのが困難になる。

　それに、海洋観測艦が海底地形に関するデータを収集しておかないと、海底ケーブルの設置もままならない。真っ平らだと思ってケーブルを降ろしたら、そこには深い海溝ができていました、ということでは困るのだ。

パッシブ・ソナーと目標運動解析

　潜水艦が襲撃（探知目標に対して魚雷やミサイルを撃ち込んで攻撃すること）を行うには、まず敵艦がどこにいて、どちらに向かっているかを知らなければならない。しかし、アクティブ・ソナーを使えばこちらの存在を暴露してしまう。パッシブ・ソナーだけでどうにかしたい。そこで登場するのが、目標運動解析（TMA：Target Motion Analysis）だ。

目標運動解析（TMA）とは

　昔の無誘導魚雷は真っ直ぐ走るだけだから、目標の未来位置を推定して、そこに狙いをつけて魚雷を撃つ必要があった。それが簡単にできるはずもないので、扇形をなすように複数の魚雷を撃って、投網をかけるようにして命中確率を上げていたが、それでは魚雷をたちまち射耗してしまう。いまどきの大きな潜水艦でも20〜30発ぐらいしか積んでいないのだ。

　対して、ホーミング魚雷や対艦ミサイルは誘導装置を持っているから、一発必中を狙う。しかし、誘導装置がカバーできる範囲には限りがあるから、ただ適当に撃っても当たらない。魚雷のホーミング・ヘッドや対艦ミサイルのシーカーが目標を捕捉できる範囲を見定めて、そこに向けて撃つ必要がある。そのため、解析値（solution）を割り出して、発射前に入力してやる必要がある。

　そこで必要になるのが、目標運動解析（TMA）という作業。つまり、目標（日本海軍や海上自衛隊では的という）までの距離、目標の針路（的針）、目標の速度（的速）を割り出す作業である。基本的にTMAは幾何学の問題だから、計算処理、特に三角関数が関わる計算がたくさん出てくる。それならコンピュータを援用できる理屈である。

　ただし、そこのところは国によって流儀が異なり、すべてコンピュータで処理する流儀の海軍と、コンピュータによる処理と紙の上での手書き作図を併用する流儀の海軍があるようだ。どちらが正しくて、どちらが間違っているというものでもないが、併用するとダブルチェックになる反面、紙とコンピュータが違う結果を出してきたときに厄介なことになるかも知れない。

目標運動解析（TMA）の前提条件

　聴知した目標の方位しか分からないパッシブ・ソナーだけで、どうやって的針と的速と距離を割り出すか。そこで、いくつかある前提条件をまとめておこう。

　まず、的速の範囲はめったやたらに広いわけではない。軍艦でも最高速度はせいぜい30ノット（1ノット＝1.852km/h）前後が大半を

※3：音響収束帯
音源から海中に放たれた音
波は、いったん広がった後で
再度収束して、音源から遠く
離れたところで音圧レベルが
上がることがある。それが音
響収束帯で、英語ではCZと
いう。上から見ると、音圧レベル
が高いゾーンがドーナツ状
に発生することになる。

占めるし、経済性を旨とする商船はもっと遅い。

そして、潜水艦に探知されないように騒音を抑えようとすれば、全速では走れない。敵潜がいる可能性が高い海域なら、普通は警戒して騒音を減らそうとする。また、全速航行するとあっという間に燃料が減るので、必要性に迫られなければ、軍艦は経済速度（15~18ノットぐらい）で航行する場面が多いと考えられる。

次に距離だが、ソナーで探知できる距離の範囲内のことだけ考えればいいだろう。もっとも海中では音響収束帯[※3]（CZ：Convergence Zone）とか海底からの反射とかいうものがあり、直接波だけでなく、もっと遠方の音を間接波として聴知できることがある。しかし、それは間欠的に入ってくるから、連続的に音量が変動する可能性が高い直接波とは区別できるのではないか。

基本は方位変化率の把握

さて、ソナー員から「ソナー探知、方位2-9-2」と探知報告が上がってきたとする。しつこいが、この時点で分かるのは方位だけである。

そこでいきなり行動を起こさずに、しばらく聴知を続ける。探知目標が動いていれば方位が変化するはずなので、方位変化率、つまり時間あたりの角度変化を調べる。

たとえば最初の探知から2分後に方位が2-9-0に変れば、方位変化率は左方向に向けて毎分1度である。その際に自艦が止まっていれば計算は楽だが、自艦も移動している場合には、それも考慮に入れなければならない。

また、同じ方位変化率でも、遠くの目標が早く移動している場合と、近くの目標がゆっくり移動している場合が考えられる。だから、方位変化率の大小だけでは距離は分からない。ただし、音量の変化やドップラー効果の有無によって、接近しているか、遠ざかっているかの見当はつく。

そこで、的針や距離の大雑把な値を仮定してみる。仮定すれば、その後の方位変化率がどれぐらいになるかを計算できる。その結果と、実際に聴知して得た方位変化率の値を比較すれば、仮定した数字が合っていたかどうかが分かってくる。

たとえば、仮定の値①に基づいて出した方位変化率より実際の方位変化率の方が大きかったとする。ということは、的速が仮定より早いか、距離が仮定より近いということだ。幅があるのは的速よりも距離だから、まず距離を変えてみる方がよいだろう。

　そこで、仮定の数字を変えてさらに様子を見る。そして、仮定の値②に基づいて出した方位変化率より実際の方位変化率の方が小さければ、数字を変えすぎだったと判断できるので、少し戻してみる。

　こんなプロセスを繰り返しながら追い込んでいくことで、的針・的速の見当がついてくる。最初は的針・的速ともそれなりの範囲を持っていたものが、仮定と実測の値を比較するプロセスを繰り返すことでだんだん縮小してきて、狭い範囲に収斂するイメージだろうか。それができて初めて、魚雷やミサイルに解析値をセットして撃ち出すことができる。

　もしも可能であれば、ある地点で探知した後で全速航行して場所を移して、再度、同じ目標の聴知を試みる手（"sprint and drift" という）もある。同じ場所にとどまっていると方位変化率しか分からないが、自身の位置を変えれば探知目標の方位も変わるから、交差方位法によって位置を標定できる可能性がある。

　ただし、移動前と移動後に探知した目標が同じものであることが前提になる。また、相手の動きと自身の動きの両方を考慮に入れて作図・計算する必要がある。

　ただし、この方法には難点がある。高速航行すると自艦で発生する騒音が大きくなるし、通常潜ではバッテリの残量が急速に減る問題もある。艦長はそういった要素も考慮しながら、艦をどう動かすかを決めなければならない。

┃TMAへの対抗手段

　TMAのプロセスが円滑に進む前提条件は、的針・的速が変化しないことである。帝国海軍でいうところの之字運動、つまりジグザグ航行をするのは、（敵潜から見た場合の）的針を不規則に変化させて、TMAプロセスを阻害するのが目的である。もちろん、速力も一定にしないで上げたり下げたりする方が、敵潜のTMAプロセスは難し

いものになる。

　そうなってくると、コンピュータ任せで万事解決とは行かず、ときには艦長のカンで「えいやっ」と勝負に出なければならない場面が発生するかも知れない。

JWings

第5部
その他のセンサー

ここまでは、電子光学／赤外線センサーとソナーの話を取り上げてきた。
広く使われているセンサー機器ということで扱いも大きくなってしまったのだが、
それら以外にもいろいろなセンサーがある。
締めくくりとして、電子光学／赤外線センサーとソナー以外の
センサーについて、簡単にまとめておきたい。

MAD（磁気異常探知機）

潜水艦を探知する手段の筆頭はソナーだが、それ以外にも探知手段がいくつかある。そのひとつがMAD（Magnetic Anomaly Detector）。磁場の変動を検知する機器である。

MADはとても鋭敏

潜水艦は巨大な鉄の塊だから、それは当然ながら磁気の影響を受ける。もしも、その潜水艦の船体が磁気を帯びたらどういうことになるか。

地球そのものも巨大な磁石だから磁場を発生させるが、そこに潜水艦みたいな巨大な鉄の塊がいて、かつ、それが磁気を帯びていると、潜水艦がいれば磁場の状況に変化が生じるはずだ。その磁場の変動を検出して潜水艦の探知につなげようというのが、MADの考え方。なにも今に始まったことではなくて、第二次世界大戦の頃から同

海上自衛隊のSH-60哨戒ヘリが右舷に装備している曳航MAD。使用時はワイヤを延ばし、空中に浮かせて曳く。表面には「注意 本品は強磁界にさらしてはならない。また着脱は必ず非磁性工具を使用すること。」と記されている

様の考え方はあった。もともと、地下の鉱床を見つけ出す手段として磁場の変動を調べるやり方があり、それを潜水艦探知に応用したのがMADである。地下の鉄鉱石が海中の潜水艦に変わるわけだ。

確かに、理屈の上では潜水艦を探知できることになるが、微弱な磁場の変動を検出できなければ仕事にならない。だから、MADはとても鋭敏でデリケートな機材になる。実際、海上自衛隊の哨戒ヘリコプターが搭載している曳航MADには、「強磁界にさらしてはならない」「着脱は必ず非磁性工具を使用すること」との注意書きがついているぐらいだ。

そんな高感度の機器だから、潜水艦以外の物体が微小な磁場の変動を引き起こせば、それにひっかかる可能性もある。MADは磁気の発生源が何者なのかまで、いちいち頓着しない。そこでP-3Cのフライトマニュアルを見ると、こんな記述がある。

● 自機が旋回しただけでもMADが作動して、表示器の針が振れる
● 敵潜がいそうな場所から十分に離れたところで旋回を済ませて、針路を安定させてから一直線に進入するように
● 手前に他の水上艦や船舶がいると、MADがそちらに反応してしまい、肝心の潜水艦を探知できなくなる。誰も海面上にいない方向から進入すること

磁気センサーの種類

すると気になるのは、MADでどんな磁気センサーを使用しているかだ。

そこで調べ回ってみたところ、イギリスのバーティントン・インストルメンツ（Bartington Instruments）という会社が販売している磁気センサーを見つけた。「Mag629」と「Mag669」の2製品があり、どちらもフラックスゲート磁力計を使用している。そして用途のひとつにMADを挙げている。

フラックスゲート磁力計は、高透磁率磁性材料[1]のコア（鉄芯）に、それぞれ逆向きの一次コイルと二次コイルを巻いた構造。まず、一次コイルに交流を流してコアを励磁する。すると、二次側の出力電流は外部の直流磁界による影響を受けた変動が生じるため、その出力電

※1：高透磁率磁性材料
磁性材料には、軟磁性材料（磁石にくっつく材料）と強磁性材料（いわゆる磁石）などがある。そして、外部から微小な磁場を与えると、瞬時に大きな磁化を実現する材料のことを、高透磁率磁性材料という。

流から磁界強度を求められるという理屈だそうだ。

フライト・シミュレータで有名なカナダのCAEは、MADも手掛けている。最新の製品はMAD-XR（Magnetic Anomaly Detection Extended Role）という。ただ、磁気センサーの種類までは明らかにしていないようだ。海上自衛隊のP-1哨戒機が、このMAD-XRを使用している。

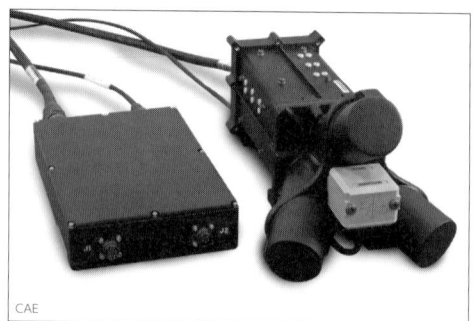

カナダCAE社のMAD-XR。海上自衛隊のP-1がどのようにこれを搭載しているかはわからない

一般的に用いられている磁気センサーには、さまざまな種類がある。

シンプルな手段としては、コイル（巻線）がある。コイルに磁石を近付けるとコイル内の磁束密度が増加するが、その磁束密度の増加を妨げる向きに磁束を発生するように誘導起電力・誘導電流が発生する。磁石をコイルから遠ざけた場合には、逆になる。その誘導起電力の向きと大きさを測定すれば、磁束密度の変化を検出できる理屈。

MR（Magneto Resistive）センサーは、磁界の影響によって電気抵抗が変化する「MR素子」を使用する。

ホール素子（磁界の影響によってホール電圧を発生させる、半導体薄膜で構成する素子）を使用する磁気センサーもある。

❘MADは機体から離れた場所に

そもそも、MADを搭載する機体そのものにも磁気の発生源がありそうで、そちらに反応してしまっても困る。

そこで、哨戒機がMADを搭載するときには、「尾部から後方に突き出させる」（P-3C）、「垂直尾翼の先端につける」（Tu-142）、「使用するときだけ後方にブームを繰り出す」（S-2、S-3）、「ケーブルで

曳航する」(SH-60B/J/K/Lなど) といった工夫をしている。

S-2やS-3がMADブームを伸縮式・出し入れ可能にしているのは、空母のエレベーターに乗せる関係で、胴体の全長を長くできないため。

●哨戒機へのMADの搭載

ロッキードP-3Cは機尾のブームに搭載

グラマンS-2は機内に収容したブームを使用時に繰り出す

ツポレフTu-142は垂直尾翼先端に搭載

地震観測技術と核実験監視の関係

次は、一見したところでは軍事と関係なさそうな「地震探知」の話を。実は関係が大ありなのだ。

核実験は地下でやる

北朝鮮が2017年9月3日に、通算6回目となる核実験を実施した。

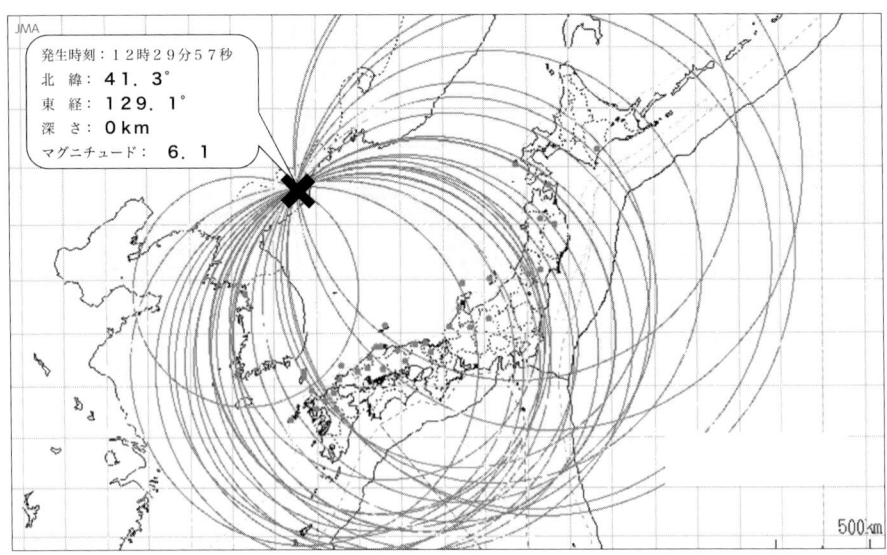

発生時刻：１２時２９分５７秒
北　緯：４１．３°
東　経：１２９．１°
深　さ：０ｋｍ
マグニチュード：　６．１

500㎞

2017年9月3日に気象庁が公表したプレスリリースに付された「平成29年9月3日12時31分頃の地震波形から推定される震源」。このリリースで気象庁は「この地震は、自然地震ではない可能性があります。気象庁で分析したところ、震源の位置等は以下の通りと推定されます。」としている

核実験があると、核爆発のエネルギー収量について推定値が出回るが、その際にマグニチュードの値もついて回る。なぜか。

昔は核実験というと、陸上・海上・空中で原子爆弾や水素爆弾を炸裂させていたが、今の核実験は地下で行うのが普通である。北朝鮮も例外ではなく、同国北東部の豊渓里（プンゲリ）にある核実験場に実験用のトンネルが掘られている。そのトンネルの入口周辺で人や車両の動きが活発になると、「核実験を計画しているのではないか」といって警戒の度合が上がる。

地下で核爆発が起きれば、強大なエネルギーの放出があるので、それは当然ながら周囲の地盤を振動させる。そして、発生した振動は地盤を通じて周囲に広がっていく。エネルギーの発生源は地震と違うが、結果的に地震みたいな動きを引き起こしている。

すると、その震動を地震計で検知できれば、核実験の有無や規模を知る材料になるのではないか。そういう考え方になる。

もともと日本国内には、地震対策の一環として多数の地震計が備え付けられている。それが北朝鮮で発生した地盤の振動も探知する。そういう事情があるので、「北朝鮮の核実験」というと地震観測に関

わっている組織の名前が出てきたり、マグニチュードがいくつだったという話が報じられたりするわけだ。

震央と規模の推定

地震計がひとつだけだと、その地震計を設置した場所でどれぐらいの揺れが発生したか、しか分からない。ところが複数の地震計を設置してネットワークを構築して、それをコンピュータにつないでデータを解析すると、検知した地震動の「震央」と「規模」の推定が可能になる。

考え方としては、フェーズド・アレイ・レーダーの受信と似ているかも知れない。フェーズド・アレイ・レーダーは複数の送受信モジュール（またはアンテナ）を並べた構成だが、真正面以外の向きから入射した電波を受信する場合、それぞれの送受信モジュール（またはアンテナ）ごとに受信のタイミングが微妙にずれる。そのずれ（位相差）のデータを利用すると、入射した電波の方向を計算できる。

それと似た考え方で、位置が精確に分かっている複数の地震計のネットワークがあり、地震波が地中を伝搬する際の挙動・速度といった基礎データが分かっていれば、震央や規模の推定が可能になる理屈である。

新幹線の地震防災システムでも、この仕組みを使っている。地震計のネットワークを活用して震央と規模を推定すれば、地震の影響が及ぶ範囲を割り出すことができる。その範囲内にある変電所に対して送電停止の指令を出すと、走行中の列車は停電を検知して非常停止する。地震の影響が及ぶ範囲を割り出してから送電停止の指令を出すから、たとえば「千葉県で発生した地震のせいで、大阪付近を走っている電車を止める」なんていうことは起こらない。

そして、震央と規模の推定を、より迅速に行うために、ロジックの見直しやシステムの改良が図られている。警報の発出と送電停止が1秒早くなれば、走行中の列車が停止するまでの時間が1秒早くなる。たかが1秒、されど1秒である。

この「震央」を「核実験場の位置」、「規模」を「核爆発の規模」に置き換えれば、地震計のネットワークとコンピュータによる震央・規

模の推定が核爆発の規模推定につながることは、理解できると思う。だから、核拡散の防止や監視、核実験発生時のデータ収集は、地震対策と密接な関わりがあるのだ。

　ちなみに北朝鮮の場合、核実験場の場所は既知だから、不確定パラメータは核爆発の規模に絞り込めそうだ。

振動の波形が違う

「でも、本物の地震が発生したときにも地震計は作動するのだから、地震と核爆発を勘違いする可能性はないの？」という疑問をお持ちになるかも知れない。実は、天然の地震（というのも妙な言い方だが）と核爆発による地盤の震動では、波形が違うのである。

　よく知られているように、天然の地震では初期微動がある。まず初期微動（P波）があって、その後に本震（S波）がやってくる。ところが核爆発の場合、地中でいきなりドカンとやるわけだから、いきなり本震が起きるようなものである。と書けば、波形に違いが生じる理屈は理解していただけるだろう。

　もちろん、地震計と核実験場の距離が遠かったり、核爆発の規模が小さかったりすると、天然の地震との区別はつけにくくなるというが。

　また、推定震央の場所でも区別がつく場合があるそうだ。つまり、震央が深い場合や海底にある場合には、そんな場所で人為的に核爆発を起こすことはできないので、天然の地震と判断できる。

　無論、これらは素人がパッと見て区別できるというものではなく、さまざまな地震波を記録した波形を見慣れている専門家が必要である。筆者は地震の専門家ではないから、いきなり二つの波形を見せられて「どちらが核実験のものですか」といわれても、正しい答えは出せない。

　ちなみに、地震波の波形といってもパターンはいろいろある。東北地方太平洋沖地震（いわゆる東日本大震災）では揺れ方に特徴があって、他の地震と比べると低い周波数の揺れ（ゆっくりした揺れ）が長時間にわたって続いた。

　そこでちょっと考えてみて欲しい。地下核実験で生じる揺れが、そ

んな形になるだろうか。核爆発というのはもっと短時間に、一気にピークが来て、その後はスーッと終息するものである。それで、低い周波数の揺れを長時間にわたって継続させられるものだろうか。そう考えれば、「東日本大震災は核兵器による人工地震」という説の荒唐無稽さが分かるというものである。

海中以外のところでも音響センサー

音響を使用するセンサーというと、すでに取り上げているソナーが有名だが、陸上でも使用する事例がある。それが「狙撃源探知用のセンサー」だ。

不正規戦における脅威

ゲリラ戦や反乱戦への対処に際して、即製の仕掛け爆弾[3]（IED：Improvised Explosive Device）と並んで厄介な脅威になるのが、狙撃手の存在。ことに市街戦では、まず「どこから撃ってきたか」を知るのが難しい。

狙撃手は物陰に身を隠して一発必中の銃弾を放ってくるので、対処が難しい。しかも、狙撃手は指揮官のように重要な人物を狙ってくるのが常だから、やられたときのダメージが大きい。ただ、姿を隠すことはできても、射撃の際に生じる音・衝撃波・銃口炎までは隠せない。

そこで、その音や衝撃波を探知することで、狙撃手の居所を掴むことができるのではないか、という考えが出てきた。それを具体的な製品にしたのが、BBNテクノロジーズ社が開発した「ブーメラン」という狙撃源探知システムである。

これは車両からマストを立てて、その上にマイクを7本取り付けた構成だ。マイクロホンの指向性が強ければ、もっとも強いシグナルを受信したマイクロホンの方に狙撃手がいるということになるし、マイクロホンごとに音の到達時間差をとって計算処理を行えば、さらに精確な位置標定が可能になるだろう。マイクロホンは三次元的に突き出し

※2：即製の仕掛け爆弾
拾いものの爆弾や砲弾、あるいは化学肥料など、ありものの爆発物で造られる爆発物の総称。軍の装備品として規格・仕様を定めて製造するのではないことから、即製（インプロヴァイズド）と呼ばれる。携帯電話を用いて遠隔起爆させることがよくあるが、これも、ありものの無線送受信装置を利用しているわけである。

US Army

アメリカ陸軍が導入した、ブーメラン狙撃源探知システム。車載式

ているから、立体的な位置標定ができる。

　これが狙撃を探知すると、音声による警告を発するだけでなく、「○時の方向」という形で位置情報をディスプレイに表示する。その情報に基づいて、物陰に身を隠したり、狙撃手を捜したりするわけだ。

　さらに、センサーと表示装置を小型化して個人携帯を可能にしたタイプも登場している。製品事例としては、BBNテクノロジーズ社製のブーメラン・ウォーリアXと、キネティック・ノースアメリカ社製のSWATS(Shoulder-Worn Acoustic Targeting System)がある。

　どちらもシステム構成は似ていて、「肩の部分に取り付けるセンサー」「ヘルメットに取り付ける音声警告用のイヤピース」「腕の部分に取り付ける小型の表示装置」「電池」といった内容だ。

Raytheon

個人携帯型の狙撃源探知システム「ブーメラン・ウォリア」を装着した兵士。左肩の水筒のようなものと、左胸の四角いものがセンサーだ

なぜ音響センサーで?

「弾が飛んでくるのを探知するだけなら、レーダーでもよくない?」と思われそうだが、地上では具合が良くない。背景に建物や看板や植生がたくさんあることが多いから、そちらでレーダー電波を反射してノイズだらけにしてしまう。

それに、探知すべき相手の弾が小さい。対戦車ロケットや対戦車擲弾ぐらい大きい相手ならともかく、狙撃銃の弾なんていったら、7.62mm級が一般的。大きくても12.7mm弾だ。よほど分解能が高いレーダーでなければ探知できないが、分解能が高いレーダーは背景の余計な反射まで丁寧に拾ってしまいかねない。

　するとやはり、音やブラスト（銃口炎）を探知する方が確実という話になるわけだ。

軍用センサー
EO/IRセンサーとソナー
わかりやすい防衛テクノロジー

2024年9月25日　初版第1刷発行

●著者	井上孝司
●発行人	山手章弘
●発行所	イカロス出版株式会社 〒101-0051 東京都千代田区神田神保町1-105 contact@ikaros.jp（内容に関するお問合せ） sales@ikaros.co.jp（乱丁・落丁、書店・取次様からのお問合せ）
●印刷・製本	日経印刷株式会社